코로나19 바이러스

"친환경 99.9% 항균잉크 인쇄" 전격 도입

언제 끝날지 모를 코로나19 바이러스
99.9% 항균잉크(V-CLEAN99)를 도입하여 「**안심도서**」로
독자분들의 건강과 안전을 위해 노력하겠습니다.

항균잉크(V-CLEAN99)의 특징

- 바이러스, 박테리아, 곰팡이 등에 항균효과가 있는 산화아연을 적용
- 산화아연은 한국의 식약처와 미국의 FDA에서 식품첨가물로 인증받아 **강력한 항균력**을 구현하는 소재
- 황색포도상구균과 대장균에 대한 테스트를 완료하여 **99.9%의 강력한 항균효과** 확인
- 잉크 내 중금속, 잔류성 오염물질 등 **유해 물질 저감**

TEST REPORT

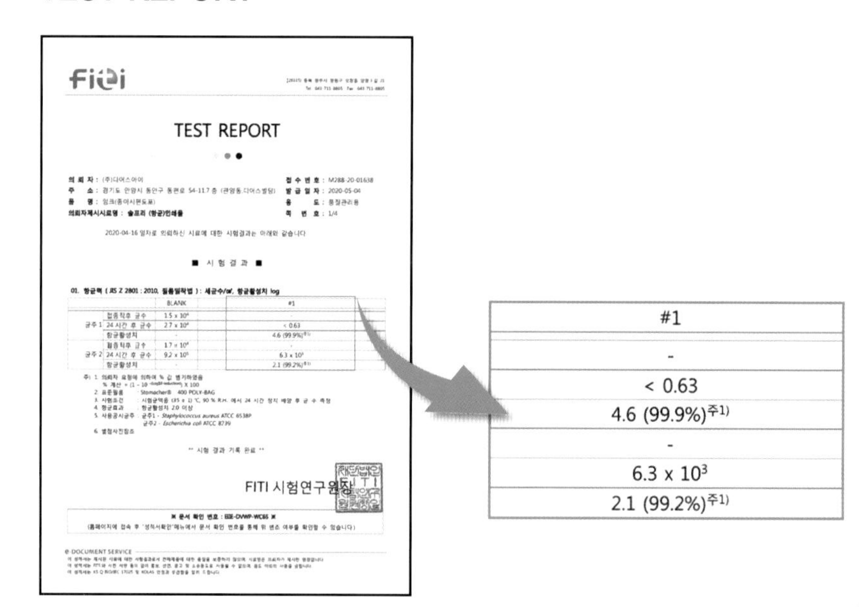

FITI

TEST REPORT

접수번호 : M288-20-01638
발급일자 : 2020-05-04
용도 : 품질관리용
쪽번호 : 1/4

2020-04-16 일자로 의뢰하신 시료에 대한 시험결과는 아래와 같습니다

■ 시험결과 ■

		BLANK	#1
균주 1	접종직후 균수	1.5×10^4	-
	24 시간 후 균수	2.7×10^4	< 0.63
	항균활성치	-	4.6 (99.9%)주1)
균주 2	접종직후 균수	1.7×10^4	-
	24 시간 후 균수	9.2×10^5	6.3×10^3
	항균활성치	-	2.1 (99.2%)주1)

5. 사용공시균주 : 균주1 - *Staphylococcus aureus* ATCC 6538P
균주2 - *Escherichia coli* ATCC 8739

FITI 시험연구원장

#1
-
< 0.63
4.6 (99.9%)주1)
-
6.3×10^3
2.1 (99.2%)주1)

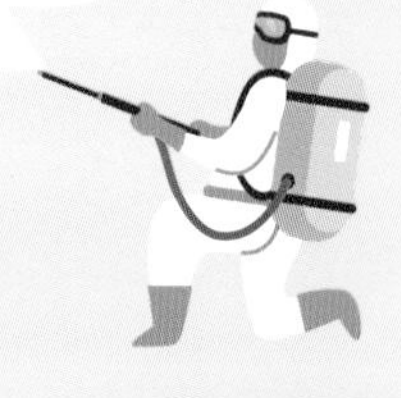

초등
1~2
학년

4차 산업혁명, 인공지능(AI), 소프트웨어, 코딩, 개발자, 융합기술

위의 단어들은 이 책을 펼친 여러분도 많이 들어 보셨을 단어들입니다. 요즘 이 단어들을 빼놓고 미래 사회에 대해 이야기하기란 쉽지 않습니다. 인공지능이 일상 곳곳에 스며들고, 점점 더 많은 사람들이 코딩에 관심을 가지고 있습니다. 또한, 최첨단 융합기술이 여러 매체에서 화려하게 소개되고 있습니다. 기술의 발전에 따라 우리 사회의 구조도 이전과는 다른 모습으로 변화하고 있습니다. 요즘 학생들은 장래희망으로 개발자, 프로그래머, 데이터 과학자를 말합니다.

앞으로 10년, 20년, 30년 뒤 우리는 어떤 세상에 살고 있을까요? 기술은 계속하여 발전하고, 그에 따라 사회는 끊임없이 변화합니다. 이러한 변화무쌍한 미래 사회에 적응하기 위해 우리는 어떤 능력을 길러야 할까요?

미래 사회를 대비한 현재의 소프트웨어 교육은 '정보와 컴퓨팅 소양을 갖추고 더불어 살아가는 창의 · 융합적인 사람'을 기르고자 합니다. 여기서 창의 · 융합적인 사람은 자신이 가진 '컴퓨팅 사고력'을 활용하여 여러 문제를 해결할 수 있는 창의 · 융합적 능력과 협력적 태도를 가진 사람입니다.

지금 내가 소프트웨어 교육 시간에 익히는 코딩 기술이 20년 뒤에도 여전히 통용되리라고는 장담할 수 없습니다. 하지만 학습 과정에서 익힌 사고의 힘, 사고력만은 미래에도 그 가치가 빛날 것입니다. 즉, 우리가 학습의 과정에서 키워야 하는 것은 "사고력" 입니다. 튼튼한 사고력이 바탕이 되어야 창의적 문제해결력이 빛을 발하는 문제를 풀고, 블록 코딩을 하고, 앱을 개발하며, 시스템을 구축하는 모든 일들을 멋지게 해낼 수 있습니다.

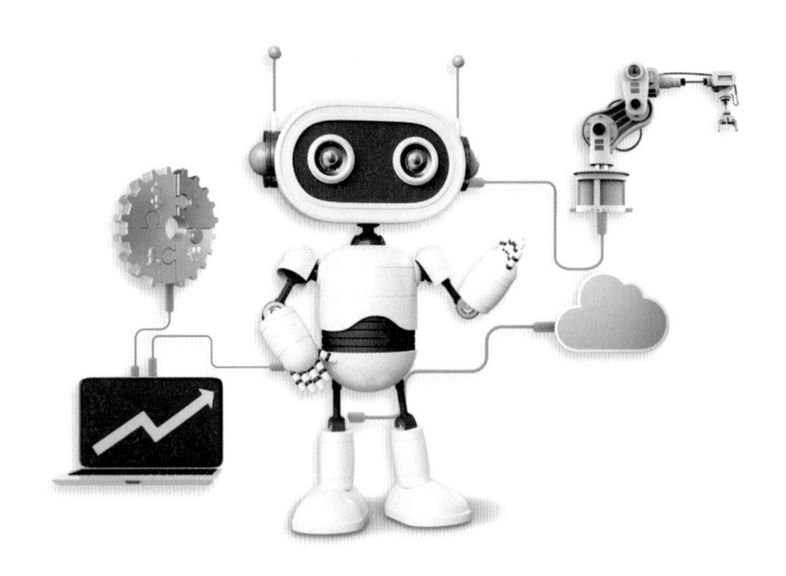

사고력이란 무엇이고 어떻게 기를 수 있을까요?
힌트를 드리겠습니다. 아래의 표에서 수학적 사고력과 컴퓨팅 사고력의 공통점을 찾아보세요.

수학적 사고력	컴퓨팅 사고력
수학적 지식을 형성하는 과정 중 생겨나는 폭넓은 사고 작용	컴퓨팅의 개념과 원리를 기반으로 문제를 효율적으로 해결할 수 있는 사고 능력
• 수학적 지식을 활용하여 문제 해결에 필요한 정보를 발견 · 분석 · 조직하기 • 문제 해결에 필요한 알고리즘 및 전략을 개발하고 활용하기 • 수학적으로 추론하고 그에 대한 타당성을 검증하고 논리적으로 증명하기 • 수학적 경험을 바탕으로 수학적 지식의 영역을 넓히기	• 문제를 컴퓨터에서 해결 가능한 형태로 구조화하기 • 알고리즘적 사고를 통하여 문제 해결 방법을 자동화하기 • 자료를 분석하고 논리적으로 조직하기 • 효율적인 해결 방법을 수행하고 검증하기 • 모델링이나 시뮬레이션 등의 추상화를 통해 자료를 표현하기 • 문제 해결 과정을 다른 문제에 적용하고 일반화하기

사고력을 기르기 위해 우리는 내가 알고 있는 지식을 동원하여 문제를 해결하는 과정을 거쳐야만 합니다. 문제를 구조화하고, 추상화하고, 분해하고, 모델링해 보는 과정을 거치며, 문제 해결에 필요한 알고리즘을 구합니다. 문제를 해결하기 위해 알고리즘을 적용하고 수정하는 과정에서 사고의 세계는 끊임없이 확장됩니다.

이 책은 코딩의 개념이 살며시 녹아든 창의사고 수학 문제들을 학생들이 풀어 보면서 사고력을 기르는 것을 궁극적인 목표로 삼고 있습니다. 문제에는 컴퓨팅 시스템, 알고리즘, 프로그래밍, 자료, 규칙성 등이 수학과 함께 녹아 들어 있습니다. 다양한 문제를 해결해 보는 과정에서 사고력이 자라나는 상쾌한 자극을 느껴 보세요.

학교 현장에서 수많은 학생들과 창의사고 수학 및 SW 교육을 하며 느낀 것은 사고력이 뛰어난 학생들은 다양한 분야에서 재기 발랄함을 뽐낸다는 것입니다. 문제에 대해 고민하고, 해결을 시도하고, 방법을 수정하고, 완성하며 여러분의 사고력 나무가 쑥쑥 자라 미래 사회 그 어디에서도 적응할 수 있는 든든한 기둥으로 자리매김하기를 바랍니다.

2021년 11월

저자 일동

교육과정에 도입된 소프트웨어 교육은 무엇일까?

소프트웨어 교육(SW 교육)은 무엇인가요?

기본적인 개념과 원리를 기반으로 다양한 문제를 창의적이고 효율적으로 해결하는 컴퓨팅 사고력(Computational Thinking)을 기르는 교육입니다.

소프트웨어 교육, 언제부터 배우나요?

초등학교 1～4학년은 창의적 체험 활동에 포함되어 배우며 5～6학년은 실과 과목에서 본격적으로 배우기 시작합니다. 중학교, 고등학교에서는 정보 과목을 통해 배우게 됩니다.

초등학교에서 이루어지는 소프트웨어 교육은 무엇입니까?

체험과 놀이 중심으로 이루어집니다. 컴퓨터로 직접 하는 프로그래밍 활동보다는 놀이와 교육용 프로그래밍 언어를 통해 문제 해결 방법을 체험 중심의 언플러그드 활동으로 보다 쉽고 재미있게 배우게 됩니다. 그 후에는 엔트리, 스크래치와 같은 교육용 프로그래밍 언어와 교구를 활용한 피지컬 컴퓨팅 교육으로 이어집니다.

※ **언플러그드:** 컴퓨터가 필요 없으며 놀이 중심으로 컴퓨터 과학의 기본 원리와 개념을 몸소 체험하며 배우는 교육 방법입니다.

※ **피지컬 컴퓨팅:** 학생들이 실제 만질 수 있는 보드나 로봇 등의 교구를 이용하여 SW 개념을 학습하는 교육 방법입니다.

초등학교에서 추구하는 소프트웨어 교육의 방향은 무엇입니까?

궁극적인 목표는 컴퓨팅 사고력을 지닌 창의 · 융합형 인재를 기르는 것입니다. 과거에 중시하였던 컴퓨터 자체를 활용하는 능력보다는, 컴퓨터가 생각하는 방식을 이해하고 일상생활에서 접하는 문제를 절차적이고 논리적으로 해결하는 창의력과 사고력을 길러 창의 · 융합형 인재를 양성하는 데 그 목적이 있습니다.

컴퓨팅 사고력이란 무엇입니까?

컴퓨팅의 기본적인 개념과 원리를 기반으로 문제를 효율적으로 해결할 수 있는 사고 능력을 뜻합니다.

〈컴퓨팅 사고력의 구성 요소〉

1. 문제를 컴퓨터로 해결할 수 있는 형태로 구조화하기
2. 자료를 분석하고 논리적으로 조직하기
3. 모델링이나 시뮬레이션 등의 추상화를 통해 자료를 표현하기
4. 알고리즘적 사고를 통하여 해결 방법을 자동화하기
5. 효율적인 해결 방법을 수행하고 검증하기
6. 문제 해결 과정을 다른 문제에 적용하고 일반화하기

컴퓨팅 사고력과 수학적 사고력은 무슨 관련이 있나요?

수학적 사고력이란 수학적 지식을 형성하는 과정 중 생겨나는 폭넓은 사고 과정을 뜻합니다. 즉, 수학적 지식을 활용해서 문제 해결에 필요한 정보를 발견 · 분석 · 조직하고, 문제 해결에 필요한 알고리즘 및 전략을 개발하여 활용하는 것을 의미합니다. 이는 컴퓨팅 사고력과 밀접한 관련이 있습니다. 왜냐하면 결국 수학적 사고력과 컴퓨팅 사고력 모두 실생활에서 접하는 문제를 발견 · 분석하고, 논리적인 절차에 의해 문제를 해결하는 능력이기 때문입니다. 초등학교 소프트웨어 교육의 목표 또한 실질적으로 프로그래밍하는 능력이 아닌 문제를 절차적이고 논리적으로 해결하는 것이므로, 이러한 사고력을 기르기 위해 가장 밀접하고 중요한 과목이 바로 수학입니다. 따라서 수학적 사고력을 기른다면 컴퓨팅 사고력 또한 쉽게 길러질 수 있습니다. 논리적이고 절차적으로 생각하기, 이것이 바로 수학적 사고력의 핵심이자 컴퓨팅 사고력의 기본입니다.

교육과정에 도입된 소프트웨어 교육은 무엇일까?

문제마다 표기되어 있는 수학교과역량은 무엇을 의미합니까?

수학교과역량이란 수학 교육을 통해 길러야 할 기본적이고 필수적인 능력 또는 특성을 말합니다. 『2015 개정 수학과 교육과정』에서는 수학과의 성격을 제시하면서 창의적 역량을 갖춘 융합 인재를 길러내기 위해 6가지 수학교과역량을 제시하고 있습니다.

1 문제 해결

문제 해결 역량이란 해결 방법을 모르는 문제 상황에서 수학의 지식과 기능을 활용하여 해결 전략을 탐색하고, 최적의 해결 방안을 선택하여 주어진 문제를 해결하는 능력을 의미합니다.

2 추론

추론 역량이란 수학적 사실을 추측하고 논리적으로 분석하고 정당화하며 그 과정을 반성하는 능력을 의미합니다.

3 창의 · 융합

창의 · 융합 역량은 수학의 지식과 기능을 토대로 새롭고 의미있는 아이디어를 다양하고 풍부하게 산출하고 정교화하며, 여러 수학적 지식 · 기능 · 경험을 연결하거나 타 교과나 실생활의 지식 · 기능 경험을 수학과 연결 · 융합하여 새로운 지식 · 기능 경험을 생성하고 문제를 해결하는 능력을 의미합니다.

4 의사소통

의사소통 역량은 수학 지식이나 아이디어, 수학적 활동의 결과, 문제 해결 과정, 신념과 태도 등을 말이나 글, 그림, 기호로 표현하고 다른 사람의 아이디어를 이해하는 능력을 의미합니다.

5 정보 처리

정보 처리 역량은 다양한 자료와 정보를 수집 · 정리 · 분석 · 해석 · 활용하고 적절한 공학적 도구나 교구를 선택 · 이용하여 자료와 정보를 효과적으로 처리하는 능력을 의미합니다.

6 태도 및 실천

태도 및 실천 역량은 수학의 가치를 인식하고 자주적 수학 학습 태도와 민주 시민 의식을 갖추어 실천하는 능력을 의미합니다.

▶ 참고: 소프트웨어 교육 학교급별 내용 요소

영역	초등학교	중학교
생활과 소프트웨어	**나와 소프트웨어** • 소프트웨어와 생활 변화	**소프트웨어의 활용과 중요성** • 소프트웨어의 종류와 특징 • 소프트웨어의 활용과 중요성
	정보 윤리 • 사이버공간에서의 예절 • 인터넷 중독과 예방 • 개인 정보 보호 • 저작권 보호	**정보 윤리** • 개인 정보 보호와 정보 보안 • 지적 재산의 보호와 정보 공유
		정보기기의 구성과 정보 교류 • 컴퓨터의 구성 • 네트워크와 정보 교류*
알고리즘과 프로그래밍	**문제 해결 과정의 체험** • 문제의 이해와 구조화 • 문제 해결 방법 탐색	**정보의 유형과 구조화** • 정보의 유형 • 정보의 구조화*
		컴퓨팅 사고의 이해 • 문제 해결 절차의 이해 • 문제 분석과 구조화 • 문제 해결 전략의 탐색
	알고리즘의 체험 • 알고리즘의 개념 • 알고리즘의 체험	**알고리즘의 이해** • 알고리즘의 이해 • 알고리즘의 설계
	프로그래밍 체험 • 프로그래밍의 이해 • 프로그래밍의 체험	**프로그래밍의 이해** • 프로그래밍 언어의 이해 • 프로그래밍의 기초
컴퓨팅과 문제 해결		**컴퓨팅 사고 기반의 문제 해결** • 실생활의 문제 해결 • 다양한 영역의 문제 해결

※ 중학교의 '*'표는 〈심화과정〉 의 내용 요소임

※ 출처: 소프트웨어 교육 운영 지침(교육부, 2015)

구성과 특장점

초등코딩 수학 사고력의 체계적인 구성

CHECK 1

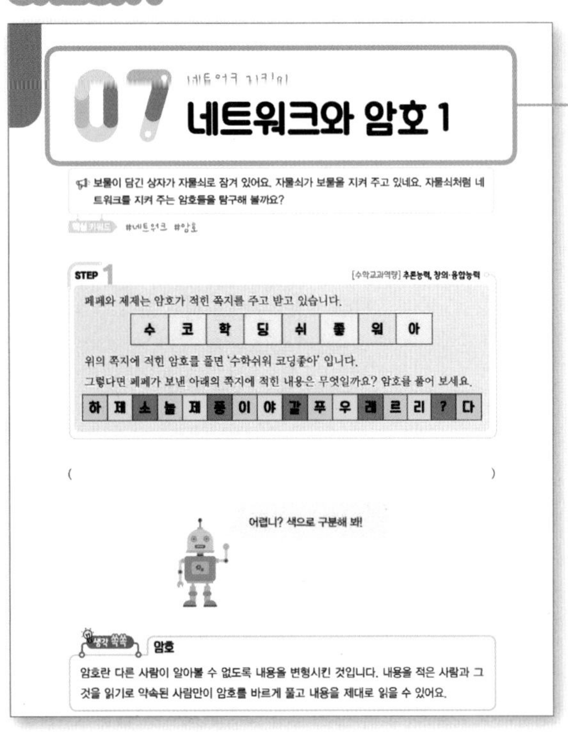

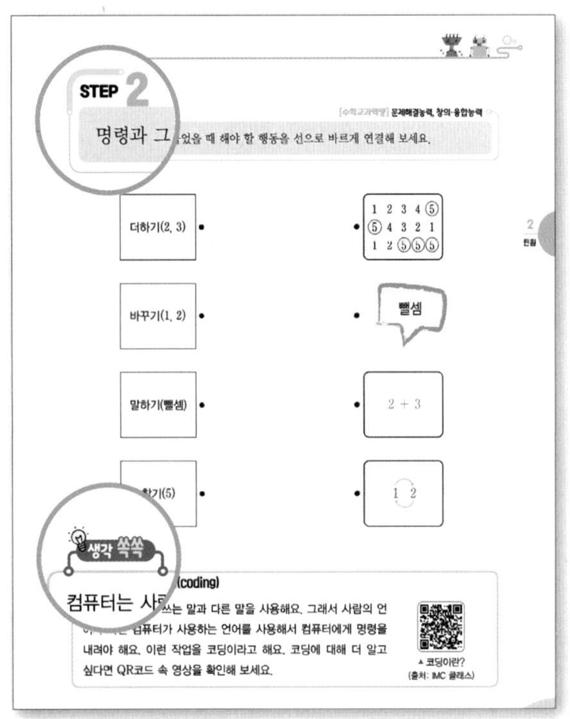

초등코딩 수학 사고력의 특별한 장점

주제별, 개념별로 정리했습니다.

▶ 학습하게 될 내용을 간략하게 소개했습니다.

▶ 핵심 키워드
반드시 알아 두어야 할 핵심 키워드! 기억해 두세요!

▶ [수학교과역량]
문제를 해결하면서 향상될 수 있는 수학교과역량을 알 수 있어요!

▶ **STEP 1, STEP 2**
주제와 개념에 맞는 문제를 단계별로 연습할 수 있습니다.

▶ 생각 쑥쑥
주제와 관련된 다양한 학습자료를 제공해 줍니다.

초등코딩 수학 사고력의 **체계적인 구성**

초등코딩 수학 사고력의 **특별한 장점**

CHECK 2

도전! 코딩 스크래치 주니어(Scratch Jr.)

WHAT?

HOW?

DO IT!

학습한 코딩을 직접 해 볼 수 있도록 정리했습니다.

▶ 스크래치, 엔트리 등의 다양한 코딩을 WHAT?, HOW?, DO IT!의 순서로 차근차근 따라해 보아요!

▶ 큐알(QR) 코드를 통해 코딩 실행 영상을 볼 수 있으며, 직접 실행해 볼 수도 있어요!

CHECK 3

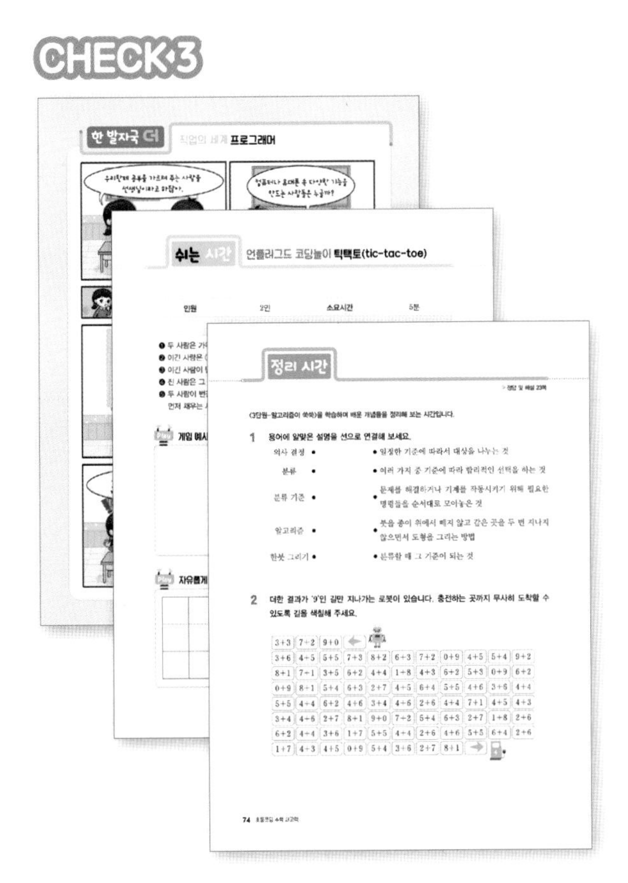
한 발자국 더 직업의 세계 프로그래머

쉬는 시간 언플러그드 코딩놀이 틱택토(tic-tac-toe)

정리 시간

다양하게 학습을 마무리 해 볼 수 있도록 정리했습니다.

▶ **정리 시간**

그 단원에서 배운 개념들을 정리해 보는 시간입니다.

▶ **쉬는 시간**

개념과 관련된 플러그드, 언플러그드 게임을 해 보는 시간입니다.

▶ **한 발자국 더**

만화를 통해 배운 내용을 한번 더 재미있게 정리해 볼 수 있어요!

차례

1 컴퓨터의 세계

01 누가 만들었을까? 자연과 인공 · · · 002

02 로봇의 세계로 기계장치와 로봇 · · · 004

03 숫자로 그림을 컴퓨터와 숫자 · · · 006

04 0과 1로 그림을 그려요 픽셀과 그림 · · · 008

05 컴퓨터는 이렇게 일해요 전기와 신호 · · · 010

06 컴퓨터는 이렇게 일해요 그림과 신호 · · · 012

07 컴퓨터는 이렇게 일해요 컴퓨터와 일 · · · 014

08 디지털 세상 아이콘과 약속 · · · 016

도전!코딩 스크래치 주니어(Scratch Jr.) 컴퓨터와 우리 몸 · · · 018

정리 시간 · · · 024

쉬는 시간 언플러그드 코딩놀이 나만의 구슬 팔찌: 이진수 놀이 · · · 025

한 발자국 더 증강현실(AR) 몬스터가 내 손에! · · · 026

2 규칙대로 척척

01 생활 속 규칙 규칙과 추상화 · · · 028

02 입체와 규칙 문제와 분해 · · · 030

03 규칙과 정리 규칙과 분류 · · · 032

04 수와 규칙 수와 분류 · · · 034

05 규칙 따라 말 따라 규칙과 언어 · · · 036

06 규칙 따라 모양 따라 규칙과 패턴 1 · · · 038

07 규칙 따라 모양 따라 규칙과 패턴 2 · · · 040

08 규칙 따라 모양 따라 패턴과 디자인 · · · 042

도전!코딩 스크래치 주니어(Scratch Jr.) 소리 나는 곱셈구구표 · · · 044

정리 시간 · · · 050

쉬는 시간 언플러그드 코딩놀이 틱택토(tic-tac-toe) · · · 051

한 발자국 더 직업의 세계 프로그래머 · · · 052

3 알고리즘이 쑥쑥

01 무엇을 선택할까? 규칙과 선택 · · · 054
02 기준에 따라 분류해요 기준과 분류 · · · 056
03 규칙을 따라가요 규칙과 게임 · · · 058
04 하나씩 차근차근 알고리즘과 명령어 · · · 060
05 출발부터 도착까지 길찾기 알고리즘 · · · 062
06 어떻게 갈까요? 경로와 알고리즘 · · · 064
07 규칙에 따라 만들어요 규칙과 알고리즘 · · · 066
08 차례대로 나열해요 비교와 알고리즘 · · · 068

도전!코딩 스크래치 주니어(Scratch Jr.) 무서운 숲 만들기 · · · 070
정리 시간 · · · 074
쉬는 시간 언플러그드 코딩놀이 나만의 미로 퀴즈 만들기 · · · 075
한 발자국 더 무엇이 다른걸까? 네비게이션의 비밀 · · · 076

4 나는야 데이터 탐정

01 무슨 도형일까? 도형과 데이터 · · · 078
02 무엇을 뜻할까? 데이터와 추측 · · · 080
03 자료를 정리해요 표와 그래프 · · · 082
04 순서대로 정리해요 시간과 데이터 · · · 084
05 오류를 찾아라! 오류와 디버깅 · · · 086
06 게임을 기록해요 게임과 데이터 · · · 088
07 명령에 따라 만들어요 명령과 오류 · · · 090
08 더해서 오류를 찾아요 오류와 체크섬 · · · 092

도전!코딩 스크래치 주니어(Scratch Jr.) 반갑게 안녕! · · · 094
정리 시간 · · · 098
쉬는 시간 언플러그드 코딩놀이 펌프 게임을 해요! · · · 099
한 발자국 더 보이지 않는 저장공간 데이터 클라우드 · · · 100

차례

5 네트워크를 지켜줘

01 네트워크 세상 네트워크와 인터넷 · · · 102
02 네트워크 세상 네트워크와 브라우저 · · · 104
03 네트워크 세상 네트워크와 기계 · · · 106
04 네트워크 세상 네트워크와 와이파이(WiFi) · · · 108
05 네트워크 지킴이 바이러스와 백신 · · · 110
06 네트워크 지킴이 네트워크와 보안 · · · 112
07 네트워크 지킴이 네트워크와 암호 1 · · · 114
08 네트워크 지킴이 개인정보와 암호 2 · · · 116

도전!코딩 스크래치 주니어(Scratch Jr.) 컴퓨터 백신과 바이러스 이야기 · · · 118
정리 시간 · · · 124
쉬는 시간 언플러그드 코딩놀이 숨은 글자 찾기 · · · 125
한 발자국 더 보안의 세계 컴퓨터 바이러스와 백신 · · · 126

+ 본문 캐릭터 소개

친구들에게 아는 것을
설명해 주는 것을 좋아하는
똑똑한 초등학생 제제

궁금한 것이 많고 발랄한
초등학생 페페

1

컴퓨터의 세계

학습내용	공부한 날	개념 이해	문제 이해	복습한 날
1. 자연과 인공	월 일			월 일
2. 기계장치와 로봇	월 일			월 일
3. 컴퓨터와 숫자	월 일			월 일
4. 픽셀과 그림	월 일			월 일
5. 전기와 신호	월 일			월 일
6. 그림과 신호	월 일			월 일
7. 컴퓨터와 일	월 일			월 일
8. 아이콘과 약속	월 일			월 일

01 누가 만들었을까?
자연과 인공

≫ 정답 및 해설 2쪽

우리 주변에는 자연이 만든 것과 사람이 만든 것이 있어요. 자연적인 것과 인공적인 것의 차이를 알아볼까요?

핵심 키워드 #자연적인 #인공적인 #기계장치

STEP 1

[수학교과역량] 추론능력, 창의·융합능력

제제와 페페는 함께 산책을 떠났어요. 산책 중에 여러 가지 것을 만났어요. 이 중에 자연이 만든 것과 사람이 만든 것을 각각 찾아 분류해 보세요.

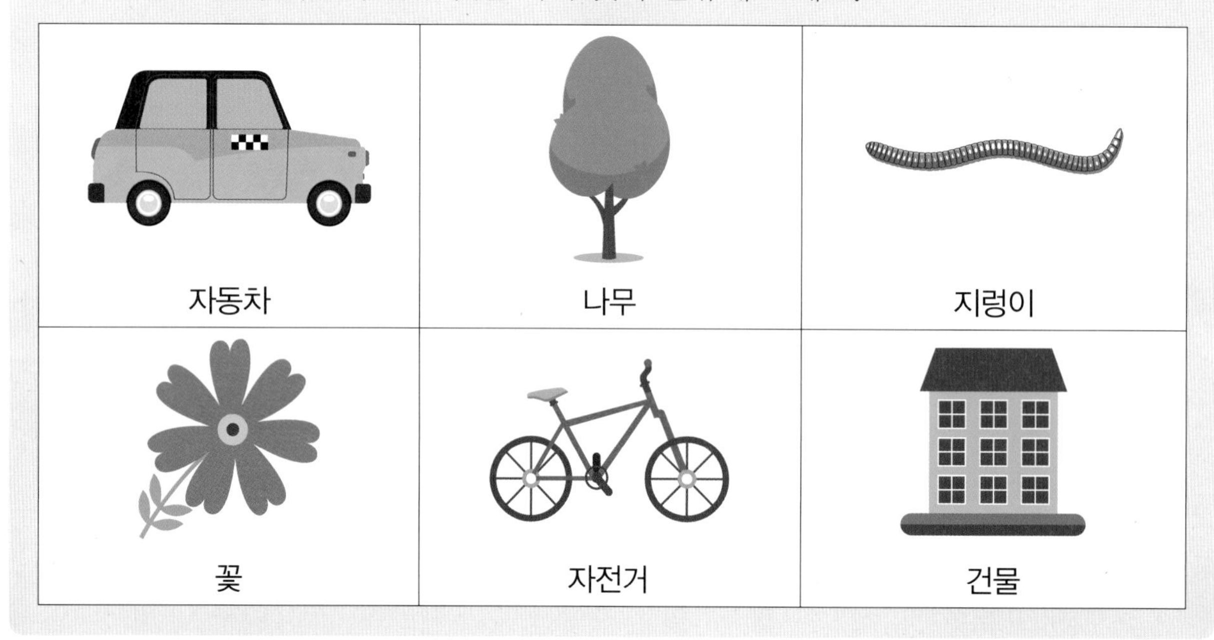

자연이 만든 것

사람이 만든 것

STEP 2

[수학교과역량] 추론능력, 창의·융합능력

사람이 만든 것 중에는 어떤 일을 할 수 있는 기계장치가 있어요. 기계장치와 그 이름을 선으로 바르게 연결해 보세요.

• 노트북 컴퓨터

• 스마트폰

• 계산기

• 데스크탑 컴퓨터

인공

사람이 만든 것을 인공적으로 만들었다고 해요. 안경, 필통, 휴대폰 등 과학 기술이 발전하면서 우리 주변에는 사람이 만든 인공적인 것들이 많아졌어요.

로봇의 세계로

02 기계장치와 로봇

≫ 정답 및 해설 2쪽

컴퓨터의 기계장치를 하드웨어라고도 해요. 다양한 하드웨어 장치와 하는 일에 대해 알아볼까요?

핵심 키워드 #기계장치 #하드웨어 #로봇

STEP 1

[수학교과역량] 문제해결능력, 정보처리능력

다음은 컴퓨터 주변에서 볼 수 있는 기계장치입니다. 설명에 맞는 기계장치를 찾아 알맞은 색으로 색칠해 보세요.

숫자나 문자를 손가락으로 쳐서 입력할 수 있는 장치	동그랗게 생긴 장치로, 움직이면 커서( )가 이동하고 버튼을 누르면 명령이 실행되는 장치
파란색	노란색
컴퓨터의 소리를 내는 장치	컴퓨터의 상황을 화면으로 보여 주는 장치
초록색	주황색

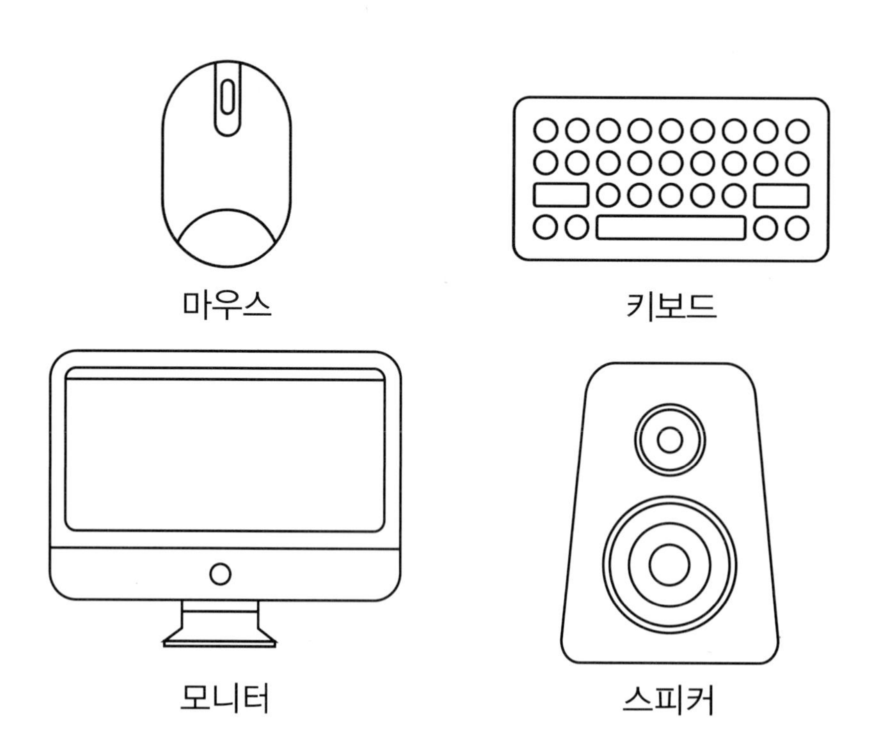

STEP 2 [수학교과역량] 창의·융합능력

로봇은 어떤 일을 자동으로 할 수 있도록 만든 기계장치입니다. 로봇을 멋지게 색칠해 보세요.

1 단원

로봇(Robot)

로봇(Robot)은 자동으로 일을 할 수 있도록 만든 장치입니다. 로봇의 다양한 멋진 모습을 보고 싶다면 QR코드 속 영상을 확인해 보세요.

▲ 다양한 로봇의 쓰임
(출처: EBS Clipbank)

03 숫자로 그림을 컴퓨터와 숫자

≫ 정답 및 해설 3쪽

컴퓨터는 우리와 다르게 숫자를 이용해 그림을 그려요. 컴퓨터와 같이 숫자를 이어 그림을 완성해 볼까요?

핵심 키워드 #숫자 #그림 #인공지능

STEP 1 [수학교과역량] 정보처리능력

숫자점을 순서대로 선으로 이어 그림을 그려 보고, 어떤 그림이 나타나는지 써 보세요.

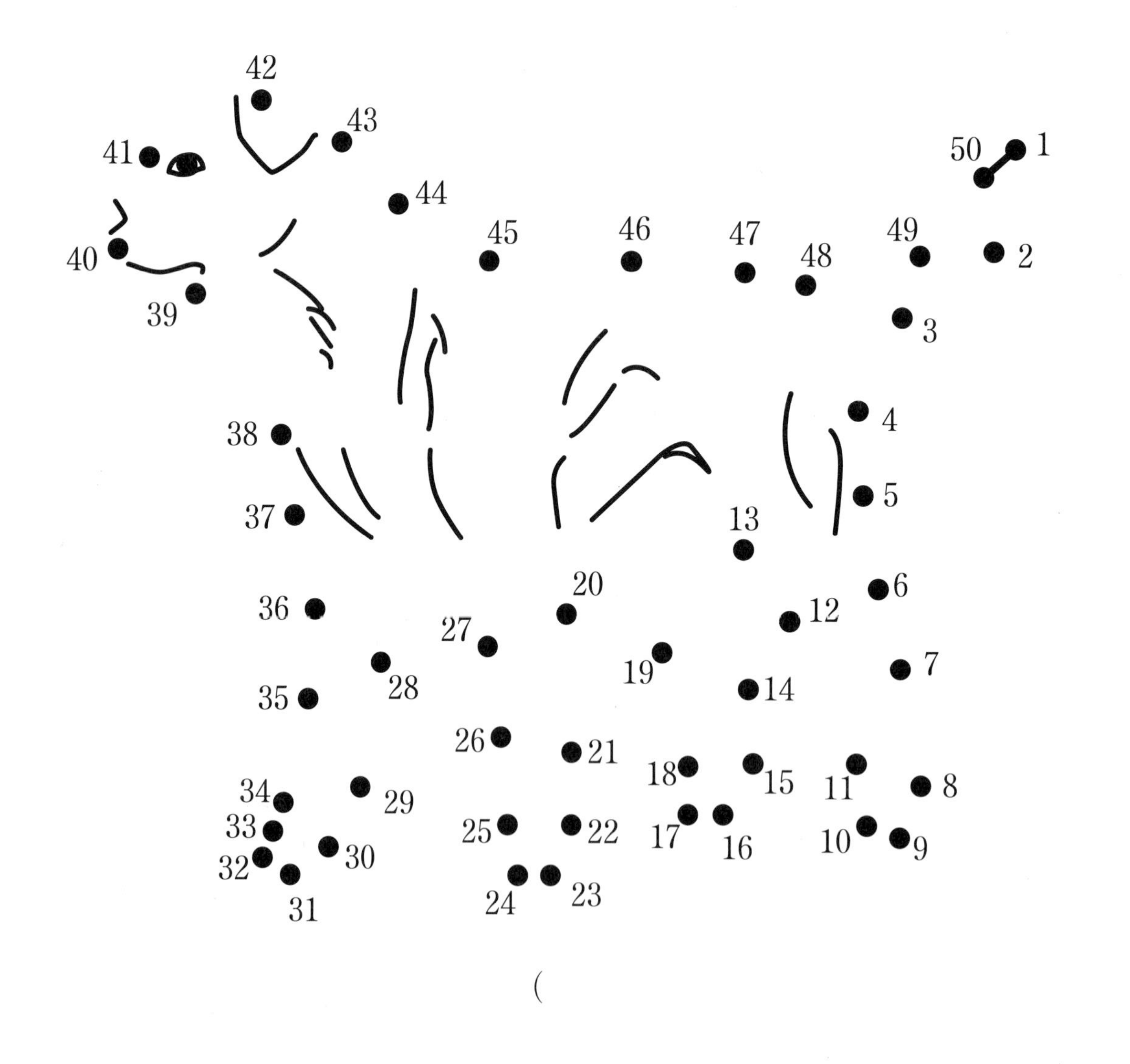

( )

생각 쏙쏙

숫자와 그림

컴퓨터는 우리와 다르게 모든 것을 숫자로 이해해요. 특히, 인공지능* 컴퓨터는 그림을 모두 숫자로 이해하고 그리기도 합니다.

*인공지능: 인간처럼 스스로 생각하고 학습하고 판단하여 행동하도록 만든 컴퓨터.

STEP 2

[수학교과역량] 정보처리능력, 문제해결능력

이번에는 일정한 규칙대로 숫자점을 순서대로 이어 그림을 그리려고 합니다. 순서대로 점을 이어 그림을 그려 보고, 어떤 그림이 나타나는지 써 보세요.

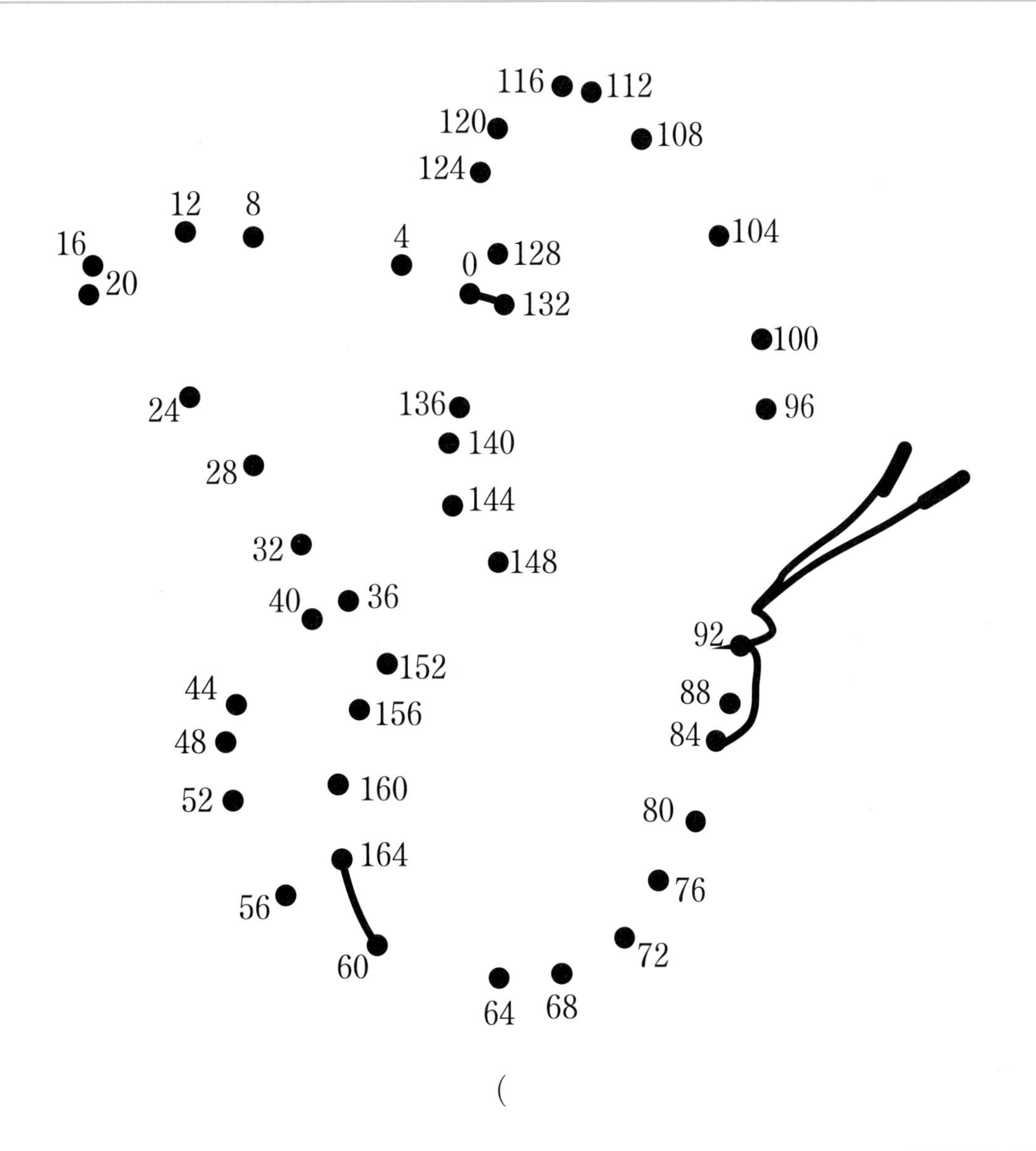

(　　　　　　　　　　　　　　　　　　　　)

04 0과 1로 그림을 그려요

픽셀과 그림

≫ 정답 및 해설 4쪽

컴퓨터가 그림 이미지를 표현하는 방법은 우리와 달라요. 컴퓨터가 그림을 표현하는 방법을 알아보고, 멋진 그림을 완성해 볼까요?

핵심 키워드 #픽셀 #비트맵 #2진수

STEP 1

[수학교과역량] 문제해결능력, 창의·융합능력

네모 칸에 숫자 0과 1이 쓰여 있습니다. 이 중 숫자 1이 적힌 칸에만 색을 칠해 보세요.

0	0	0	0	0	0	0	0
0	0	1	1	1	1	0	0
0	0	1	1	1	1	0	0
1	1	1	1	1	1	1	1
1	1	1	1	1	1	1	1
0	1	1	0	0	1	1	0
0	1	1	0	0	1	1	0
0	0	0	0	0	0	0	0

픽셀(화소)

컴퓨터는 0과 1만을 이용해서 그림을 나타낼 수 있습니다. 이때 그림을 나타내는 네모 칸 하나하나는 그림을 구성하는 기본적인 단위입니다. 이것을 픽셀 또는 화소라고 불러요.

STEP 2 [수학교과역량] 문제해결능력, 창의·융합능력

숫자를 이용해 알록달록한 그림을 그리려고 합니다. 다음 〈규칙〉에서 숫자마다 정해진 색을 확인하고, 칸에 적힌 숫자에 따라 정해진 색을 칠해 보세요.

규칙

0=, 1=, 2=, 3=, 4=

4	2	$1+1$	0	$9-7$	2	0	2×2
2×1	0	1	2	0	1	$4-2$	0
1	2	2	1×1	2	2	1	$1+1$
2	1	$5-5$	$6-3$	1	3×0	2	2
2	7×0	2	$1+2$	2	2	3	1
$3-1$	$1+2$	1	3	0	$5-2$	3	2
3	3	2	$3+0$	2	3	2	$2+1$
1×4	1×3	3	3	$7-4$	3	3	4
4	4	$10-7$	3	3	3	4	$5-1$
4	$9-5$	3	3	3×1	3	4	4

05 컴퓨터는 이렇게 일해요
전기와 신호

≫ 정답 및 해설 5쪽

사람은 밥을 먹고 만든 에너지로 기운을 내서 일을 해요. 전기로 에너지를 얻는 컴퓨터가 어떤 일을 하는지 알아볼까요?

핵심 키워드 #전기신호 #홀수와 짝수 #디지털 숫자

STEP 1

[수학교과역량] 추론능력

컴퓨터 속에는 전기가 흐르는 수많은 통로가 있어요. 컴퓨터는 이 통로에 전기가 흐르는 상황과 흐르지 않는 상황 2가지를 통해 신호를 주고받을 수 있어요.

전기가 흐르는 상황	전기가 흐르지 않는 상황

짝수*가 적혀 있는 통로에 전기가 흐르고, 통로에 전기가 흐르면 노란색 전구가 켜집니다. 전구가 켜지는 통로를 노란색으로 색칠해 보고, 어떤 글자가 나타나는지 써 보세요.

*짝수: 2, 4, 6, 8, 10, …과 같이 둘씩 짝을 지을 수 있는 수.

3	1	17	89	93	65	17	11	69
71	57	2	12	16	98	40	21	87
25	23	93	85	75	19	31	33	43
41	84	20	16	58	10	22	62	81
7	61	31	59	25	67	79	47	29
55	33	49	34	80	30	65	23	77
81	9	76	41	53	85	52	73	75
21	63	72	43	83	39	34	91	51
57	19	45	8	46	28	15	13	93
71	27	87	17	69	37	57	89	35

(　　　　　　　　)

STEP 2

[수학교과역량] 추론능력, 문제해결능력

제제는 디지털 숫자가 나타나는 시계를 선물 받았어요. 시계에는 전기가 흐르는 통로가 색으로 구분되어 있어요. 전기의 흐름은 스위치를 껐다가 켰다가 하면서 조절할 수 있어요.

제제의 시계에 48이라는 숫자가 나오게 하기 위해 눌러야 하는 스위치 번호를 모두 골라 보세요. (단, 48의 디지털 숫자 모양은 48입니다.)

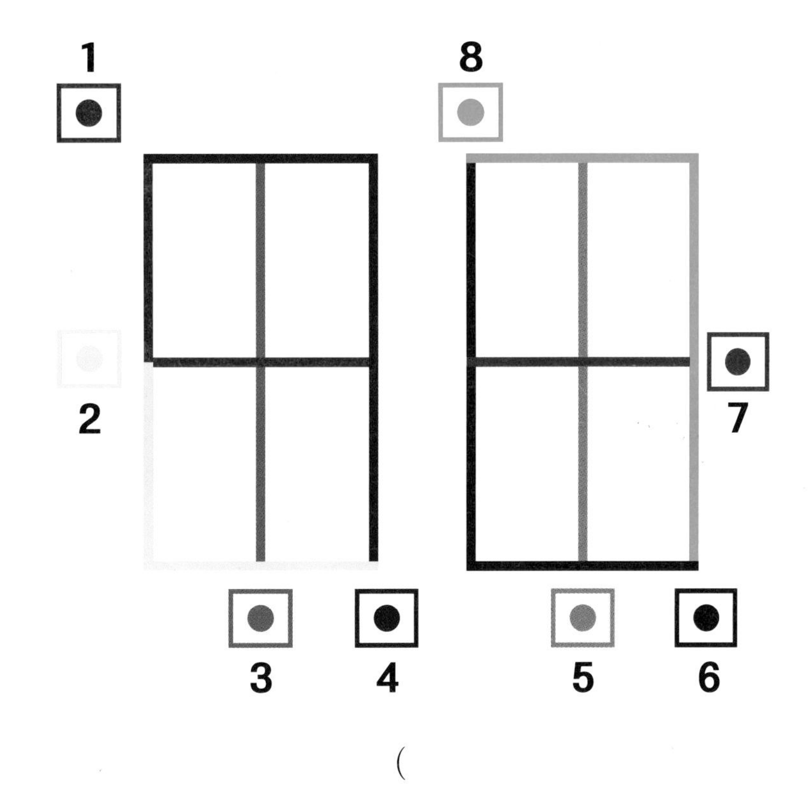

( )

생각 쏙쏙 컴퓨터의 말

컴퓨터는 사람의 말을 알아듣지 못해요. 컴퓨터는 전기 신호가 꺼지고 켜지는 것으로 대화를 나눕니다. 전기 신호가 꺼지는 것을 0, 전기 신호가 켜지는 것을 1이라고 약속하고 대화를 나눠요. 그래서 인간의 말을 컴퓨터가 알아듣게 바꾸려면 0과 1로 이루어진 컴퓨터의 말로 바꿔야 해요. '안녕'이라는 뜻의 'hi'라는 단어는 컴퓨터의 말로 바꾸면 '01101001'입니다. 참 알쏭달쏭한 말이죠?

06

컴퓨터는 이렇게 일해요

그림과 신호

≫ 정답 및 해설 5쪽

앞면과 뒷면에 서로 다른 그림이 그려진 카드가 있어요. 이 카드들을 이용해서 다양한 신호를 만들어 볼까요?

핵심 키워드 #2진수 #약속

STEP 1

[수학교과역량] 창의·융합능력

제제와 페페는 카드 속 그림을 이용해 이동 신호를 주고받기로 했어요. 제제가 보여 주는 카드에서 병아리 그림이 보이면, 페페는 오른쪽으로 한 칸 이동합니다. 제제가 보여 주는 카드에서 강아지 그림이 보이면, 페페는 정지합니다.

제제가 카드를 다음 그림과 같이 보여 줬습니다.

페페가 출발에서 시작했을 때, 페페는 지금 몇 번 칸에 서 있는지 찾아 보세요.

출발	1	2	3	4	5

(　　　　　　　　)

STEP 2

[수학교과역량] 추론능력, 창의·융합능력

제제와 페페는 STEP 1의 이동 신호에 규칙을 추가하기로 했습니다.
제제가 카드를 한 번 보여 주면, 페페는 동작을 한 번만 합니다. 제제가 같은 카드를 두 번 연속해서 보여 주면, 페페는 그 동작을 두 번 반복합니다. 제제가 같은 카드를 세 번 연속해서 보여 주면, 페페는 그 동작을 네 번 반복합니다.
제제가 카드를 다음 그림과 같이 보여 줬습니다.

페페가 출발에서 시작했을 때, 페페는 지금 몇 번 칸에 서 있는지 찾아보세요.

출발	1	2	3	4	5	6	7	8	9	10	11	12

( )

07 컴퓨터는 이렇게 일해요

컴퓨터와 일

≫ 정답 및 해설 6쪽

컴퓨터는 일을 순서대로 나누어 해요. 컴퓨터가 하는 일을 나누어 순서대로 연결해 볼까요?

핵심 키워드 #입력 #연산 #출력

STEP 1

[수학교과역량] 추론능력

우리가 어떤 일을 할 때, 하는 일을 3종류로 순서대로 나눌 수 있어요.

예시

덧셈을 배울 때 하는 일을 3종류로 나누어 볼까요?
'수업 시간에 덧셈을 하는 방법을 듣는 것 ➡ 덧셈의 방법을 이해하는 것 ➡ 덧셈을 스스로 해 보는 것'으로 나눌 수 있어요.

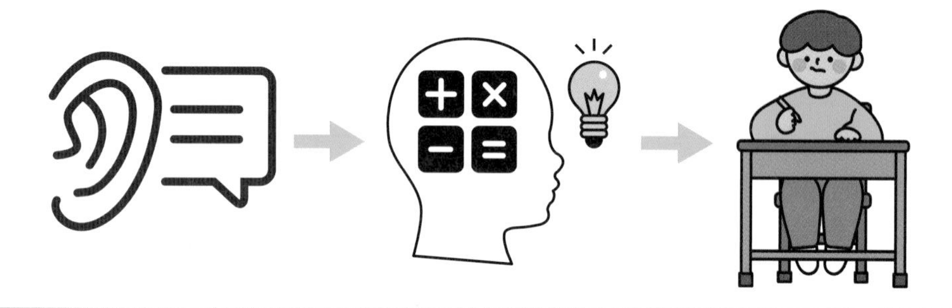

다음과 같이 우리 주위에서 일어나는 일들을 3종류로 나눌 때, 일의 순서대로 선으로 연결해 보세요.

땅에 씨앗을 뿌림 •	• 수업 내용을 이해함 •	• 답장을 함
밥을 먹음 •	• 식물이 자람 •	• 배설을 함
편지를 받음 •	• 소화를 시킴 •	• 배운 내용을 사용함
수업을 들음 •	• 편지를 읽음 •	• 열매를 맺음

STEP 2

[수학교과역량] 추론능력, 창의·융합능력

사람은 내용을 듣고, 이해하고, 행동으로 옮깁니다. 이와 비슷하게 컴퓨터는 내용을 '받아들이기', 받은 내용을 '처리하기', 처리한 내용을 바깥으로 '내보내기'의 순서로 일을 합니다.

컴퓨터가 하는 일들을 살펴보고 받아들이기, 처리하기, 내보내기에 해당하는 알맞은 일을 선으로 연결해 보세요.

받아들이기 •	• 마이크를 통해 소리를 듣는다.
	• 들은 소리를 컴퓨터의 언어로 바꾼다.
처리하기 •	• 프린터로 사람의 얼굴 사진을 인쇄한다.
	• 카메라를 통해 사람의 얼굴을 본다.
내보내기 •	• 들은 소리를 스피커로 재생한다.
	• 카메라로 본 사람의 얼굴을 디지털 사진으로 바꾼다.

생각 쏙쏙

입력장치, 처리장치, 출력장치

내용을 받아들이는 것을 입력, 내용을 처리하는 것을 처리, 내용을 내보내는 것을 출력이라고 합니다. 컴퓨터의 장치들 중 내용을 받아들이는 장치를 입력장치라 하고, 입력장치로는 마우스, 키보드, 카메라, 마이크가 있습니다. 받은 내용을 처리하는 장치를 처리장치라고 합니다. 처리한 내용을 내보내기하는 장치를 출력장치라 하고, 출력장치에는 모니터, 프린터, 스피커가 있습니다.

08 디지털 세상

아이콘과 약속

정답 및 해설 7쪽

건물 안에서 화장실을 찾으려면 화장실을 나타내는 그림 기호가 있는 표지판을 잘 찾으면 돼요. 컴퓨터에서 그림으로 나타낸 기호를 찾아 그 뜻을 알아볼까요?

핵심 키워드 #아이콘 #약속

STEP 1

[수학교과역량] 추론능력

컴퓨터 화면 속에서 어떤 기능을 나타내는 작은 그림 기호를 아이콘이라고 합니다. 아래 그림의 아이콘의 의미를 추측하여 〈보기〉에서 골라 적어 보세요.

보기

① 저장하기	② 인쇄하기	③ 소리 끄기	④ 파일 내려 받기
⑤ 전원 끄기	⑥ 확대하기	⑦ 뒤로 가기	⑧ 새롭게 불러오기

아이콘	의미	아이콘	의미

		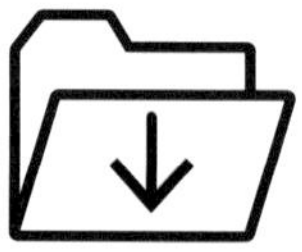	
		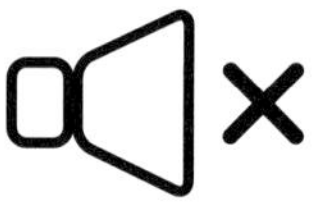	

아이콘(icon)

아이콘(icon)이란 하나의 사물을 표현하기 위해 사용하는 작은 그림을 말합니다. 이 단어는 그리스말로 그림을 뜻하는 이콘(Eikoon)에서 왔습니다. 아이콘은 사람들이 그 뜻을 오해하지 않도록 모두가 쉽게 이해할 수 있는 그림으로 만듭니다.

1 단원

STEP 2

[수학교과역량] 추론능력, 문제해결능력

서로 기능이 반대되는 아이콘들을 선으로 바르게 연결해 보세요.

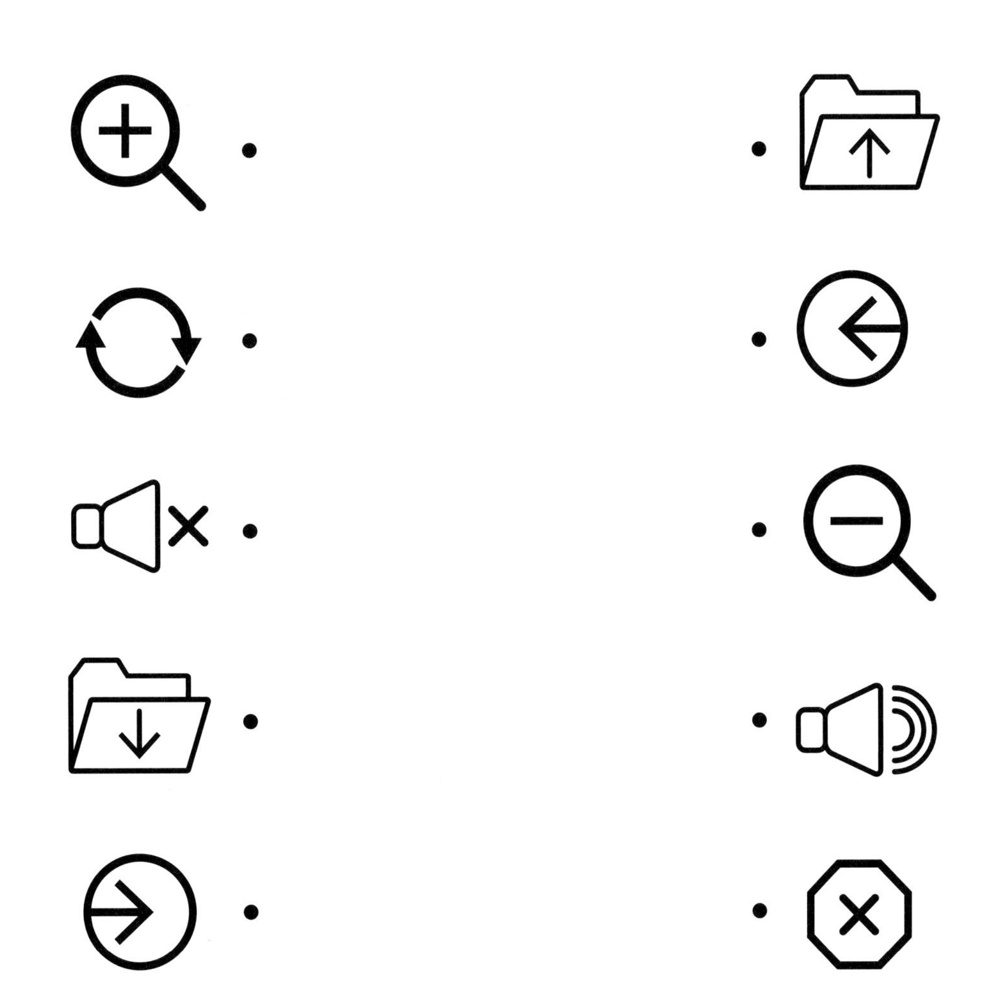

도전! 코딩 스크래치 주니어(Scratch Jr.) 컴퓨터와 우리 몸

(출처: 스크래치 주니어(Scratch Jr.))

스크래치 주니어(Scratch Jr.)는 Tufts 대학, the MIT Media Lab, the Playful Invention Company의 협업으로 만들어진 어린이 대상 무료 블록 코딩 어플리케이션입니다. 대표적인 학습용 블록 코딩 사이트인 스크래치(Scratch)를 이용하는 학생들보다 어린 연령대의 학생들을 대상으로 제작되었습니다. 이 어플리케이션에서 학생들은 인지 능력, 인성, 사회성, 감수성을 기를 수 있는 다양한 활동들을 직접 만들고 즐길 수 있습니다.

1단원에서 우리는 컴퓨터가 어떻게 일을 하는지 배웠습니다. 지금부터는 스크래치 주니어를 이용하여 컴퓨터의 장치들과 우리 몸의 기관들을 연결하는 이야기를 만들어 보겠습니다.

WHAT?

➔ 컴퓨터 장치와 우리 몸의 기관들을 비교하고, 비슷한 일을 하는 장치와 기관이 서로 자석처럼 만나는 이야기를 꾸며 봅시다.

HOW?

➔ 스크래치 주니어는 휴대폰 또는 태블릿 PC를 이용하여 접속할 수 있습니다. 아래의 QR코드를 통해 구글 플레이스토어 또는 애플 앱스토어에 접속하여 어플리케이션을 설치할 수 있습니다. (단, 호환 기종을 확인하세요.)

▲ 구글 플레이스토어

▲ 애플 앱스토어

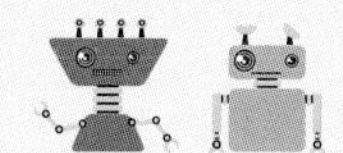

➔ 코딩을 시작하기 전, 아래 QR코드 속 영상을 통해 방법을 익혀 볼까요?

영상을 확인했나요? 이제 직접 코딩해 보세요!

1. 집 모양 아이콘을 클릭하세요.

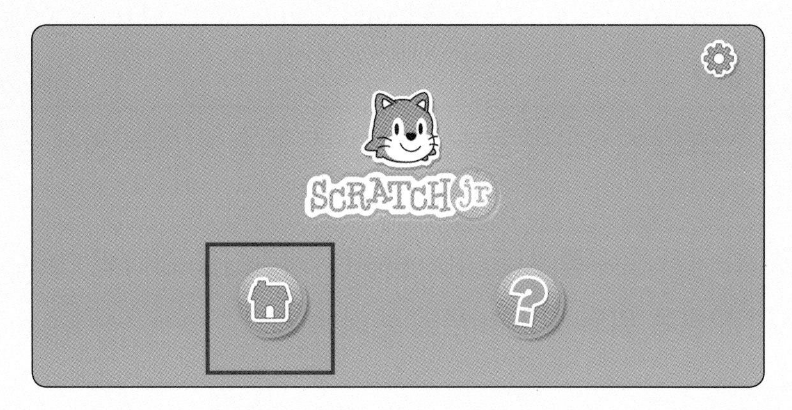

2. My Projects 창에서 + 버튼을 눌러 새로운 프로젝트를 시작하세요.

3. 왼쪽의 캐릭터 탭에서 캐릭터를 꾹 누르면 삭제 버튼이 뜹니다. ×를 눌러 고양이 캐릭터를 삭제해 주세요. 그리고 아래쪽의 + 버튼을 눌러 새로운 캐릭터를 추가해 주세요.

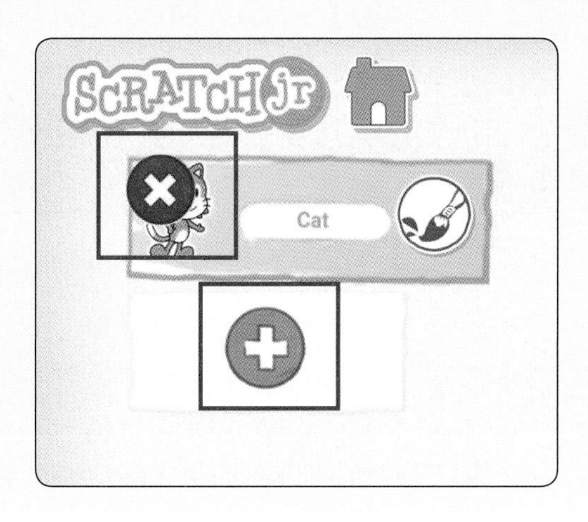

4. 캐릭터 추가 창에서 오른쪽 위를 보면 붓 모양 아이콘이 있습니다. 눌러 주세요.

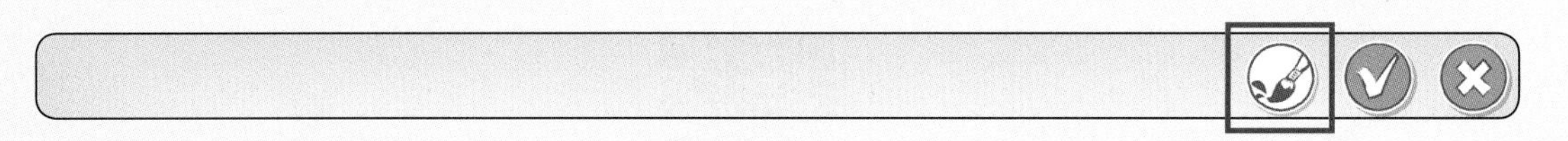

5. 컴퓨터 장치와 우리 몸의 기관들의 공통점입니다. 컴퓨터의 또다른 어떤 장치와 우리 몸의 기관이 비슷한가요?

컴퓨터 장치	우리 몸의 기관	공통점
카메라	눈	장면을 인식한다.
스피커	입	소리를 낸다.
마이크	귀	소리를 듣는다.

6. 5에서 찾은 컴퓨터 장치와 우리 몸의 기관 중 마음에 드는 쌍을 골라 그림으로 그려 봅니다.

그림판에서 다양한 도구를 사용하여 원하는 캐릭터를 하나씩 그려 주세요. 캐릭터를 다 그렸으면 오른쪽 위의 확인 버튼을 눌러 주세요.

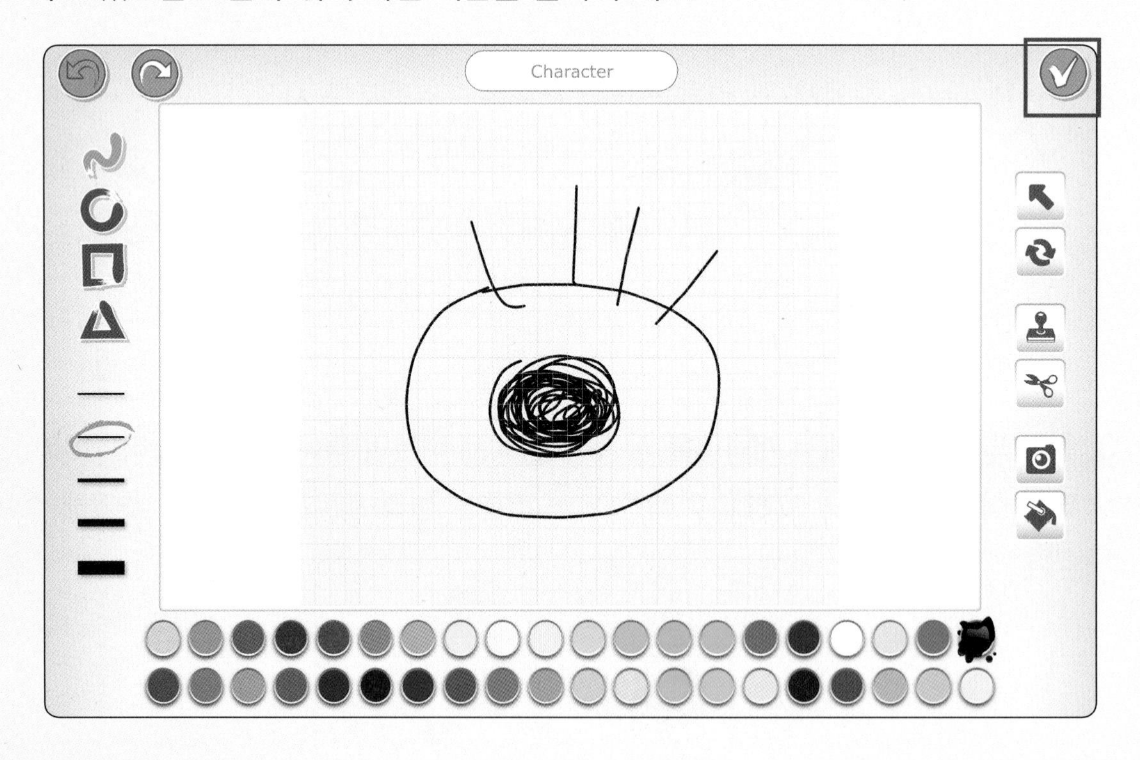

7. + 버튼을 눌러 새로운 캐릭터를 추가로 그려 보세요.

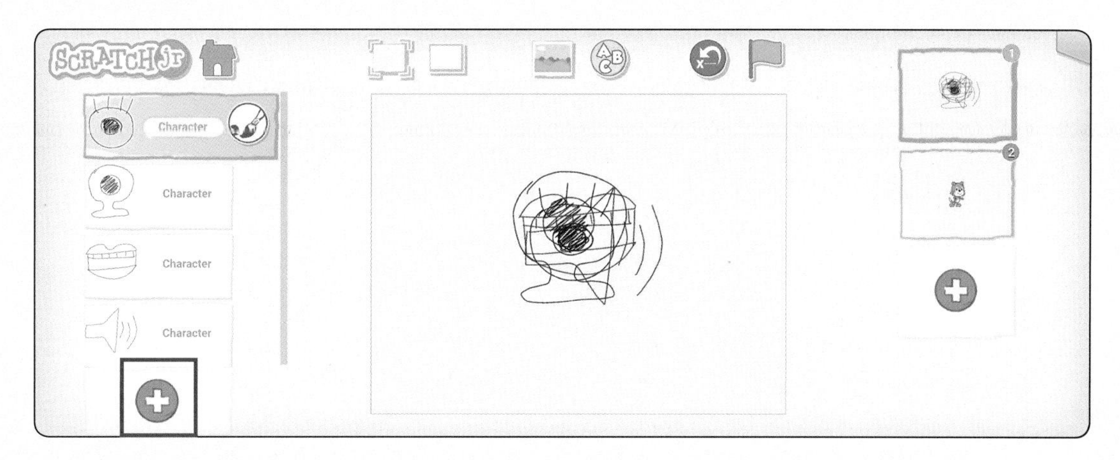

8. 스테이지에서 캐릭터를 꾹 누르고 끌어서 원하는 자리로 옮겨 보세요.

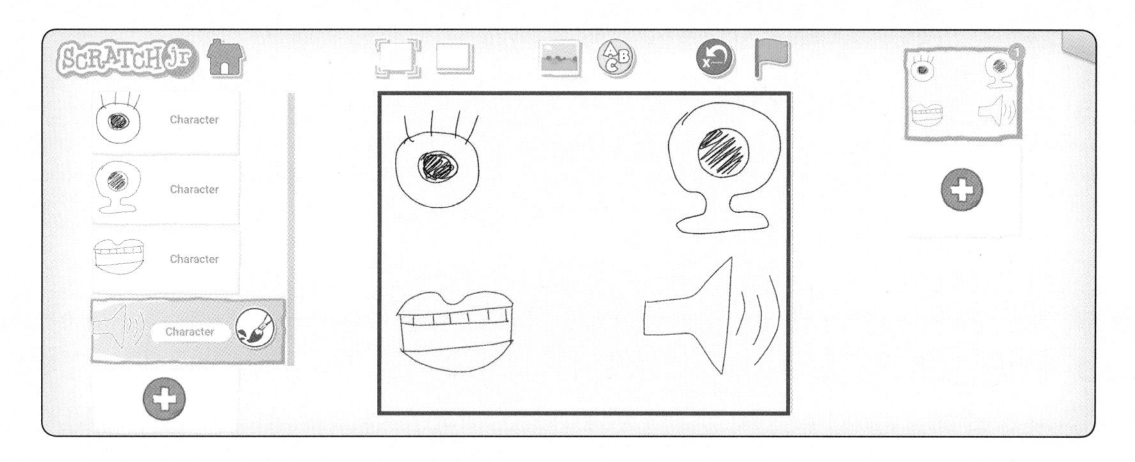

9. 이제 블록을 사용하여 코딩해 봅니다.
   여러 가지 기능의 블록들은 아래의 카테고리에 담겨 있습니다.

작동	움직임	시각	소리	제어	종료

노란색 블록들은 작동에 모여 있습니다.
파란색 블록들은 움직임에 모여 있습니다.
보라색 블록들은 시각에 모여 있습니다.
초록색 블록들은 소리에 모여 있습니다.
주황색 블록들은 제어에 모여 있습니다.
빨간색 블록들은 종료에 모여 있습니다.

10. 캐릭터를 클릭했을 때, 공통점이 있는 컴퓨터 장치와 우리 몸의 기관이 만날 수 있도록 코딩해 봅니다. 아래의 그림을 참고하여 블록을 배열해 보세요. 아래의 코드는 예시자료일 뿐입니다. 여러분의 그림 배열에 맞춰 코딩해 보세요.

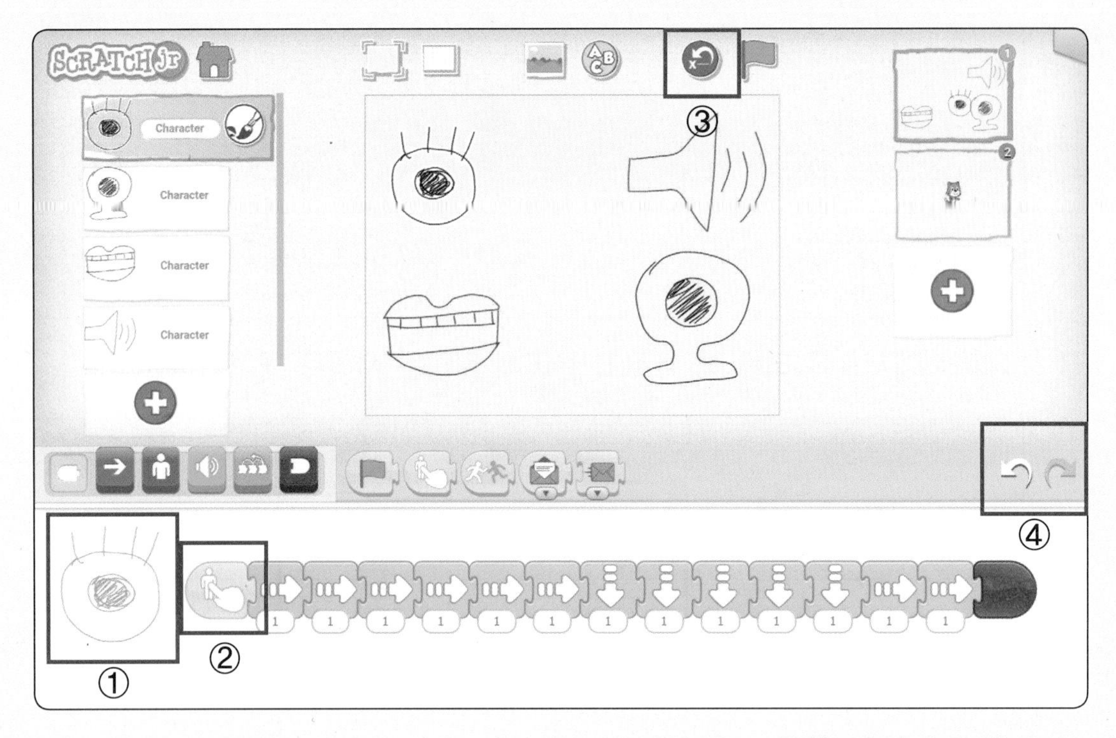

tip 캐릭터 창에서 명령을 내리고 싶은 캐릭터를 클릭한 후 블록을 배치해야 합니다. 캐릭터 선택이 잘 되었다면, 프로그래밍 영역 왼쪽에 내가 명령을 내리는 캐릭터(①)가 떠 있습니다.

tip 여러분이 그린 캐릭터를 화면 어디에 배열했느냐에 따라 코드가 달라질 수 있습니다. 프로그래밍 창에서 캐릭터를 클릭한 후 실행(②)을 눌러 실행해 보고, 코드 배열을 수정해 보세요. 한 번 실행한 뒤에는 캐릭터 나시 맞추기 버튼(③)을 눌러 주세요.

tip 블록을 지우고 싶나요? 블록을 꾹 누르고 프로그래밍 창밖으로 밀어 보세요. 블록이 삭제됩니다.

tip 작업 중 '이전 작업으로 되돌리기', '되돌렸던 작업을 다시하기' 기능을 사용하고 싶나요? 되돌리기, 다시하기 버튼(④)을 눌러 주세요.

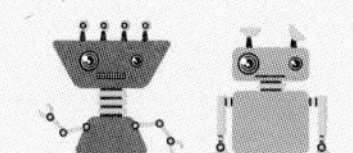

11. 스테이지에서 캐릭터를 눌러 여러분이 블록을 제대로 배열하여 코딩했는지 확인해 보세요.

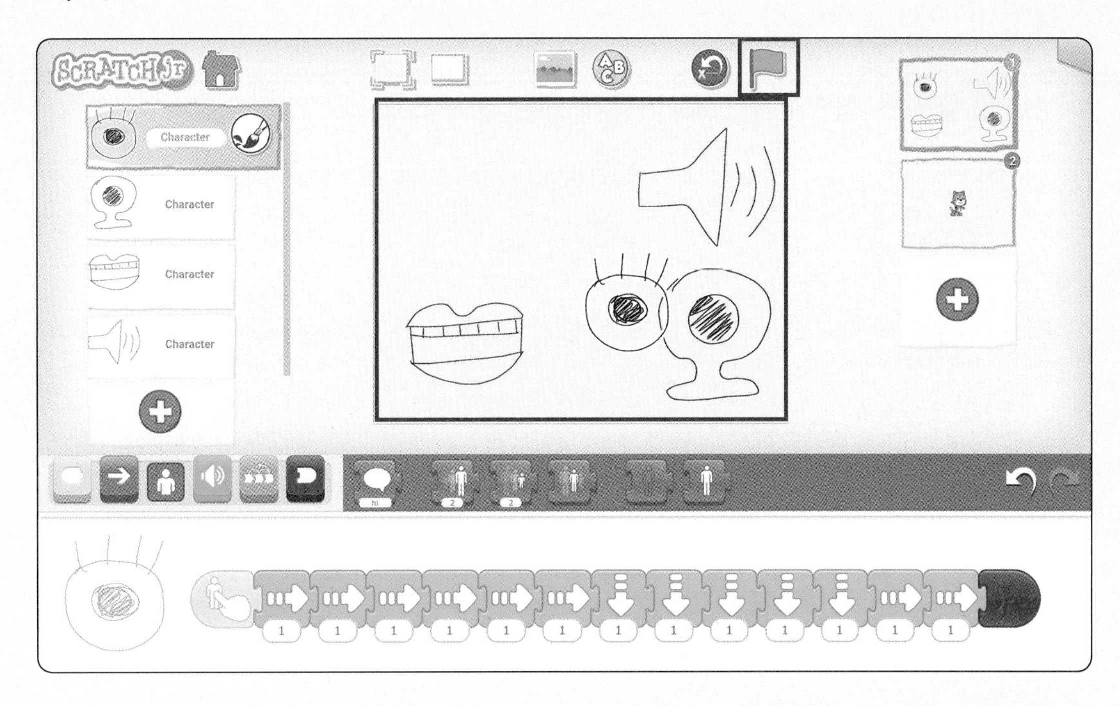

tip 혹시 캐릭터 클릭 후 실행( )이 아닌 초록 깃발( )을 누르면 실행하도록 코딩했나요? 그렇다면 스테이지 위쪽의 초록 깃발을 눌러 코딩이 잘 되었는지 확인해 보세요.

tip 이야기를 더 재미있게 만들고 싶나요? 다양한 방법이 있습니다. 캐릭터를 더 화려하게 꾸며 보세요. 배경 추가 기능을 이용해 배경을 아름답게 꾸며 보세요. 캐릭터들이 만났을 때 나는 효과음을 녹음하여 추가해 보세요. 그리고 캐릭터에 말풍선을 넣어 보세요.

DO IT!

➔ 스크래치 주니어(Scratch Jr.) 어플리케이션을 설치하고 접속하여 직접 코딩을 즐겨 보세요! 코딩 후엔 꼭 실행해 보세요.

정리 시간

정답 및 해설 8쪽

〈1단원–컴퓨터의 세계〉를 학습하며 배운 개념들을 정리해 보는 시간입니다.

1 용어에 알맞은 설명을 선으로 바르게 연결해 보세요.

인공 •	• 컴퓨터가 내용을 받아들이는 것
로봇 •	• 사람이 만든 것
화소(픽셀) •	• 사물을 표현하기 위해 사용하는 작은 그림
입력 •	• 그림을 구성하는 네모 칸 하나하나
출력 •	• 어떠한 일을 자동으로 하는 기계장치
아이콘 •	• 컴퓨터가 내용을 내보내는 것

2 다음은 다양한 기계장치의 이름의 초성이 적힌 카드입니다. 무엇인지 알아맞혀 보세요.

(1)

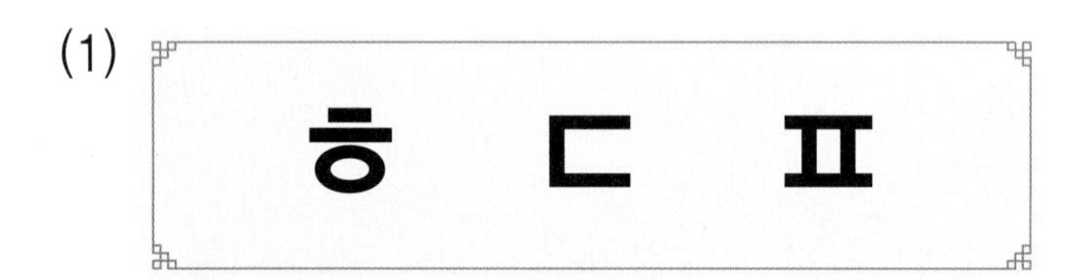

(2)

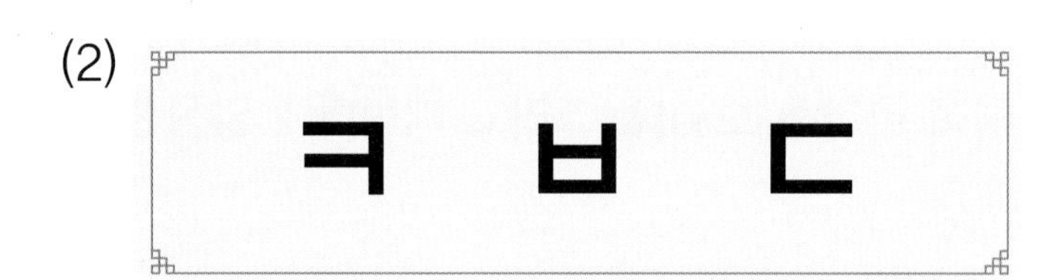

(3)

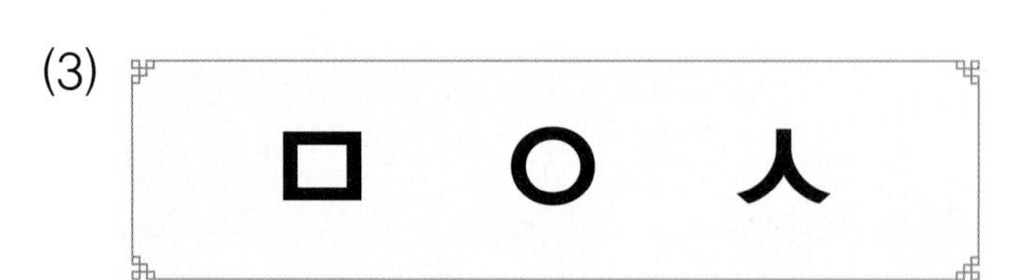

(4)

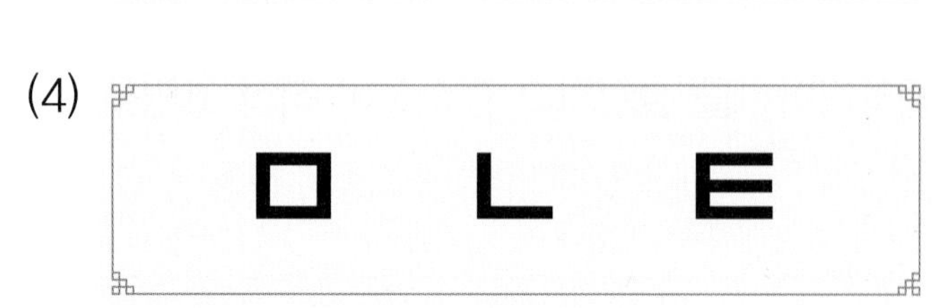

쉬는 시간 언플러그드 코딩놀이 나만의 구슬 팔찌: 이진수 놀이

정답 및 해설 8쪽

인원	1인 ~	소요시간	10분
준비물	실, 구멍이 있는 작은 구슬(서로 다른 색)		
방법			

❶ 종이에 나만의 팔찌를 만들기 위한 규칙을 0과 1을 이용하여 만들어 봅니다.
(예 0=흰색, 1=검은색)
❷ 만든 규칙을 바탕으로 실에 작은 구슬을 차례로 끼워 넣습니다.
❸ 팔찌가 완성되면 실을 묶습니다.
❹ 자투리 부분을 자르고, 팔찌를 마무리합니다.
❺ 만든 팔찌의 규칙을 다시 살펴봅니다.

나만의 구슬 팔찌

〈규칙 세우기〉

0 1 1 0 1 1 0 1 1 0 1 1 0 1 1 0 1 1 0 1 1 0 1 1

→ 규칙: '0 1 1'이 반복되도록 만듭니다.

〈팔찌 만들기〉

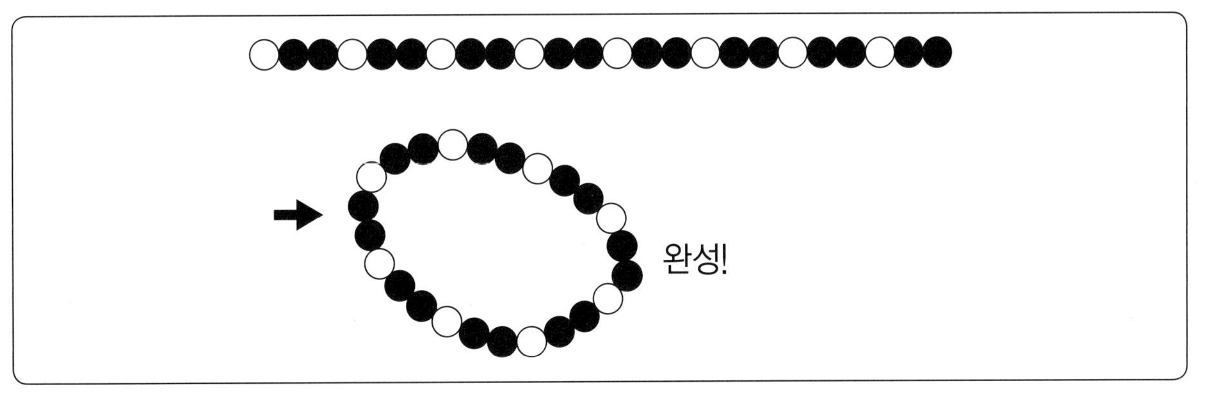

Q 다양한 종류의 구슬을 이용해 팔찌를 만들려면 어떻게 규칙을 세우면 될까요?

한 발자국 더 증강현실(AR) 몬스터가 내 손에!

2

규칙대로 척척

학습내용	공부한 날	개념 이해	문제 이해	복습한 날
1. 규칙과 추상화	월 일			월 일
2. 문제와 분해	월 일			월 일
3. 규칙과 분류	월 일			월 일
4. 수와 분류	월 일			월 일
5. 규칙과 언어	월 일			월 일
6. 규칙과 패턴 1	월 일			월 일
7. 규칙과 패턴 2	월 일			월 일
8. 패턴과 디자인	월 일			월 일

01 생활 속 규칙
규칙과 추상화

≫ 정답 및 해설 9쪽

정확하게 문제를 해결하기 위해서는 문제 상황 속에서 정확한 규칙을 발견해야 해요. 우리 주위 물건들 사이에서 규칙을 찾아볼까요?

핵심 키워드 #규칙 #추상화

STEP 1 [수학교과역량] **추론능력**

페페는 시장에 가서 엄마와 간식을 잔뜩 사 왔어요. 페페가 사온 간식을 같은 종류끼리 묶어 보세요.

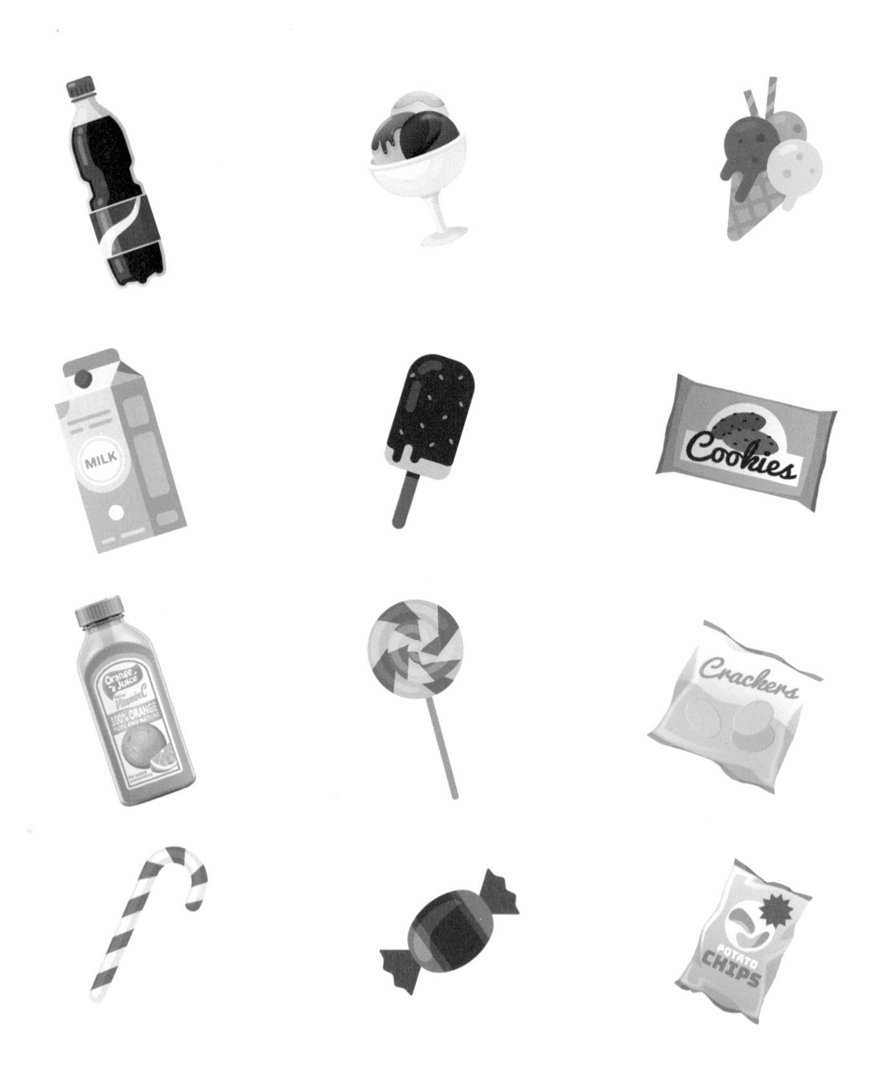

STEP 2

[수학교과역량] 추론능력

곱셈구구표를 보고 하늘색으로 색칠한 줄의 규칙을 한 문장으로 써 보세요.

×	1	2	3	4	5	6	7	8	9
3	3	6	9	12	15	18	21	24	27
6	6	12	18	24	30	36	42	48	54
9	9	18	27	36	45	54	63	72	81

( )

생각 쏙쏙

추상화

주변에 있는 시계를 보세요. 시침, 분침, 초침, 벨이 울리는 스피커, 건전지 통, 여러 가지 작은 부품조각들, 버튼 등 아주 많은 구성품이 보일 거예요. 이 구성품들을 좀 더 간단하게 표현해 볼까요? 시계는 시계 본체, 시곗바늘로 이루어져 있습니다. 이와 같이 복잡한 상황을 공통적인 특징으로 묶어 간단하게 만드는 것을 추상화라고 해요.

02 입체와 규칙

문제와 분해

≫ 정답 및 해설 9쪽

복잡한 문제를 쉽게 해결하기 위해서는 문제를 작은 조각들로 분해해서 생각해야 해요. 분해의 과정을 함께 연습해 볼까요?

핵심 키워드 #규칙 #분해

STEP 1

[수학교과역량] 추론능력

제제는 생일날 로봇 인형 세트를 선물로 받았어요. 2개의 로봇 인형을 보고, 서로 다른 부분을 찾아서 그 번호를 써 보세요.

① 인형 머리 ② 인형 상체

③ 인형 하체 ④ 인형 받침대

( )

생각 쏙쏙 분해

여러 부분이 함께 모여 있는 것을 다시 조각조각 나누는 것을 분해라고 해요. 시계를 본체, 시침, 분침, 초침 등 여러 부품으로 잘게 나누는 장면을 떠올려 보세요.

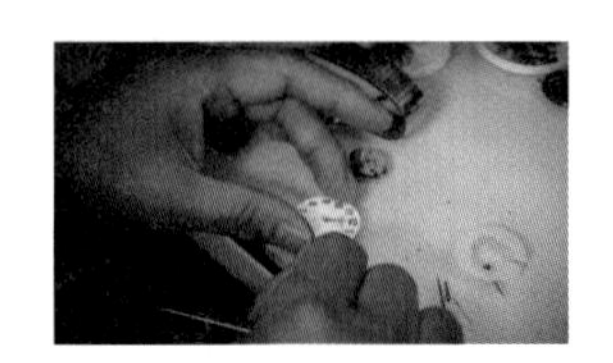

STEP 2

[수학교과역량] 문제해결능력, 창의·융합능력

제제가 로봇 인형 세트랑 즐겁게 노는 모습을 보고, 할머니께서 로봇 인형 세트를 2개 더 사 주셨습니다. 같은 종류의 로봇끼리는 같은 상자에 담아 정리하려고 합니다. 같은 상자에 담을 로봇 인형끼리 선으로 바르게 연결해 보세요.

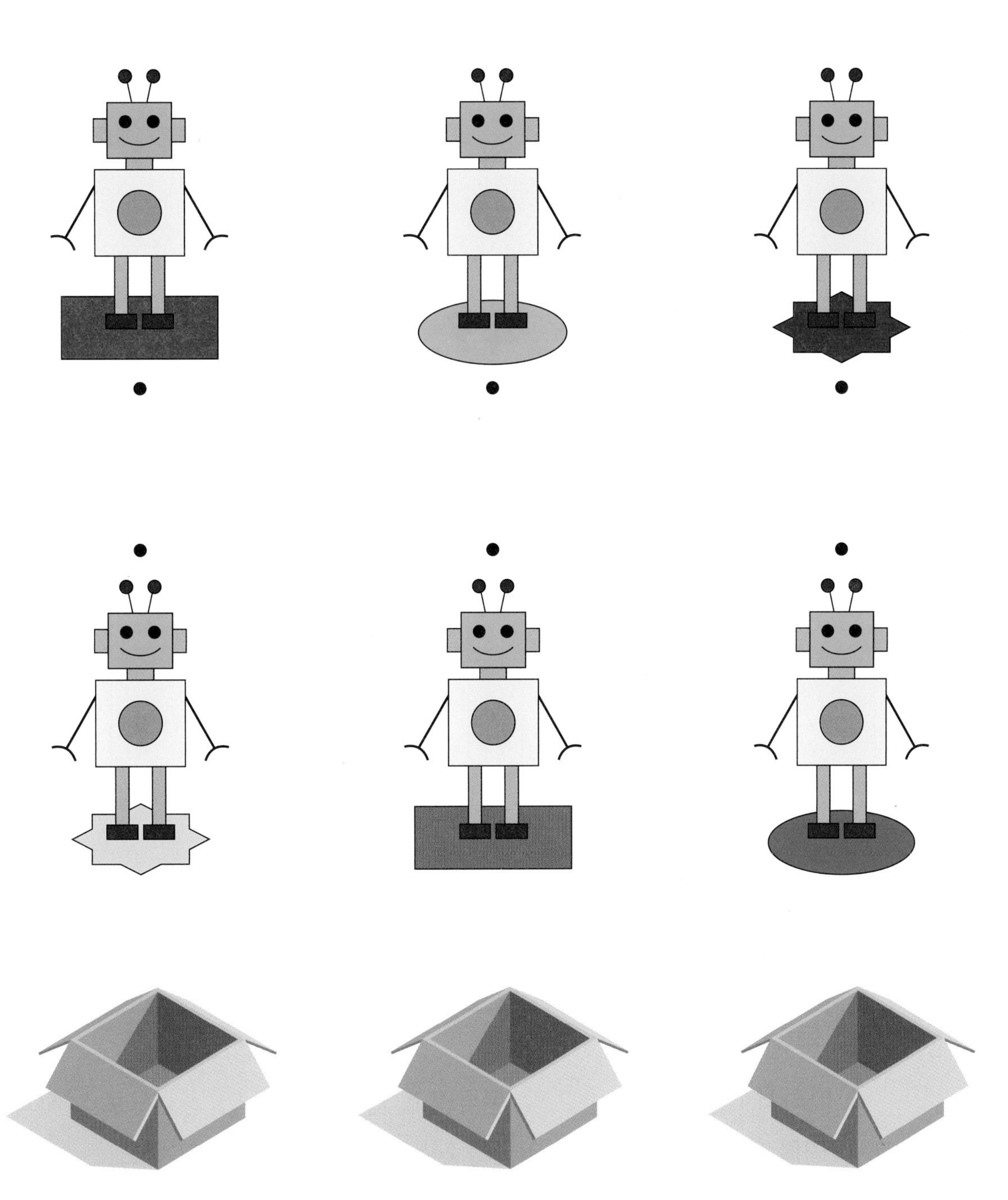

03 규칙과 정리

규칙과 분류

≫ 정답 및 해설 10쪽

여기저기 흩어져 있는 물건을 정리하려면 무엇을 먼저 해야 할까요? 정리의 규칙을 정해야 해요. 이제부터 규칙에 따라 여러 가지 물건이나 숫자들을 옮겨 볼까요?

핵심 키워드 #규칙 #분류

STEP 1

[수학교과역량] 문제해결능력, 추론능력

아래 주어진 숫자들을 규칙에 따라 2개의 빈칸에 나누어 적으려고 해요. 숫자들을 나누어 빈칸에 적어 보고, 어떤 규칙에 따라 나누었는지 설명해 보세요.

2, 11, 62, 74, 25, 49, 37, 58, 97, 100

내가 사용한 규칙: ____________________

분류

일정한 기준에 따라서 대상을 나누는 것을 분류라고 합니다. 성별을 기준으로 남자와 여자를 나누고, 나이를 기준으로 어린이와 어른을 나누는 것을 분류한다고 해요.

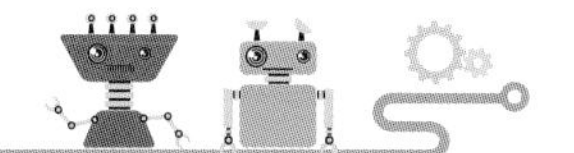

STEP 2

[수학교과역량] 추론능력, 문제해결능력

카드 게임을 하던 페페는 카드를 잘 정리해서 상자에 담아 두려고 합니다. 카드를 다음과 같이 분류했을 때, 상자 번호별 규칙을 설명해 보세요.

1번 상자		2번 상자		3번 상자	
♠	♦	♠	♦	10	99
♣	♥	♣	♥	54	5

2
단원

1번 상자 분류 규칙: ______________________

2번 상자 분류 규칙: ______________________

3번 상자 분류 규칙: ______________________

카드 분류 규칙을 알겠니?
카드의 배경, 카드 속 그림, 카드 속 글자를 잘 살펴봐!

수와 규칙

04 수와 분류

정답 및 해설 11쪽

규칙에 따라 수를 가르고 모아본 경험이 있을 거예요. 가르기와 모으기 속 규칙을 파악하여 수를 분류해 볼까요?

핵심 키워드 #규칙 #분류 #가르기

STEP 1

[수학교과역량] 추론능력

제제는 다음 표와 같이 일정한 규칙에 따라 수를 묶었어요.

1번	2번	3번	4번
1과 4	1과 5	1과 6	1과 8
2와 3	2와 4	2와 5	?
3과 2	3과 3	3과 4	
4와 1	4와 2	4와 3	
	5와 1	5와 2	7과 2
		6과 1	8과 1

다음 중 빈칸에 들어갈 수 없는 것을 골라 보세요.

① 2와 7 ② 3과 6

③ 4와 5 ④ 5와 3

( )

STEP 2

[수학교과역량] 추론능력, 문제해결능력

다음은 서로 연관 있는 두 수끼리 묶어 놓았습니다.

3	19

17	5

2	20

수들을 보고 두 수를 묶은 규칙을 찾아 서술해 보세요. 그리고 서로 연관이 있는 수끼리 선으로 바르게 연결해 보세요.

규칙: ______________________________

11 •	• 4
7 •	• 21
18 •	• 12
1 •	• 15
10 •	• 11
9 •	• 13
16 •	• 6

05

규칙 따라 말 따라

규칙과 언어

≫ 정답 및 해설 12쪽

우리가 사용하는 말에는 규칙이 있어요. 컴퓨터의 말에도 규칙이 있는지 알아볼까요?

핵심 키워드 #규칙 #언어

STEP 1

[수학교과역량] 추론능력, 창의·융합능력

명령과 그 명령을 들었을 때 해야 할 행동을 선으로 바르게 연결해 보세요.

손 들어!	•	• 
그림 그려!	•	• 
체조해!	•	• 
달려가!	•	• 
책 읽어!	•	• 

STEP 2

[수학교과역량] 문제해결능력, 창의·융합능력

명령과 그 명령을 들었을 때 해야 할 행동을 선으로 바르게 연결해 보세요.

더하기(2, 3) •	• 1 2 3 4 ⑤ / ⑤ 4 3 2 1 / 1 2 ⑤ ⑤ ⑤
바꾸기(1, 2) •	• 뺄셈
말하기(뺄셈) •	• 2 + 3
찾기(5) •	• 1 ⇄ 2

2 단원

코딩(coding)

컴퓨터는 사람이 쓰는 말과 다른 말을 사용해요. 그래서 사람의 언어가 아닌 컴퓨터가 사용하는 언어를 사용해서 컴퓨터에게 명령을 내려야 해요. 이런 작업을 코딩이라고 해요. 코딩에 대해 더 알고 싶다면 QR코드 속 영상을 확인해 보세요.

▲ 코딩이란?
(출처: IMC 클래스)

06 규칙 따라 모양 따라
규칙과 패턴 1

정답 및 해설 13쪽

학교에 오기 전 매일 우리는 세수를 하고, 아침을 먹고, 옷을 입고, 집을 나섭니다. 계속 반복되는 일들 속에서 규칙을 찾아볼까요?

핵심 키워드 #규칙 #패턴

STEP 1

[수학교과역량] **추론능력, 창의·융합능력**

개미, 잠자리, 나비, 무당벌레를 다음 그림과 같이 일정한 패턴으로 나열했습니다. 이 패턴을 찾아서 빈칸에 들어갈 것을 순서대로 나열해 보세요.

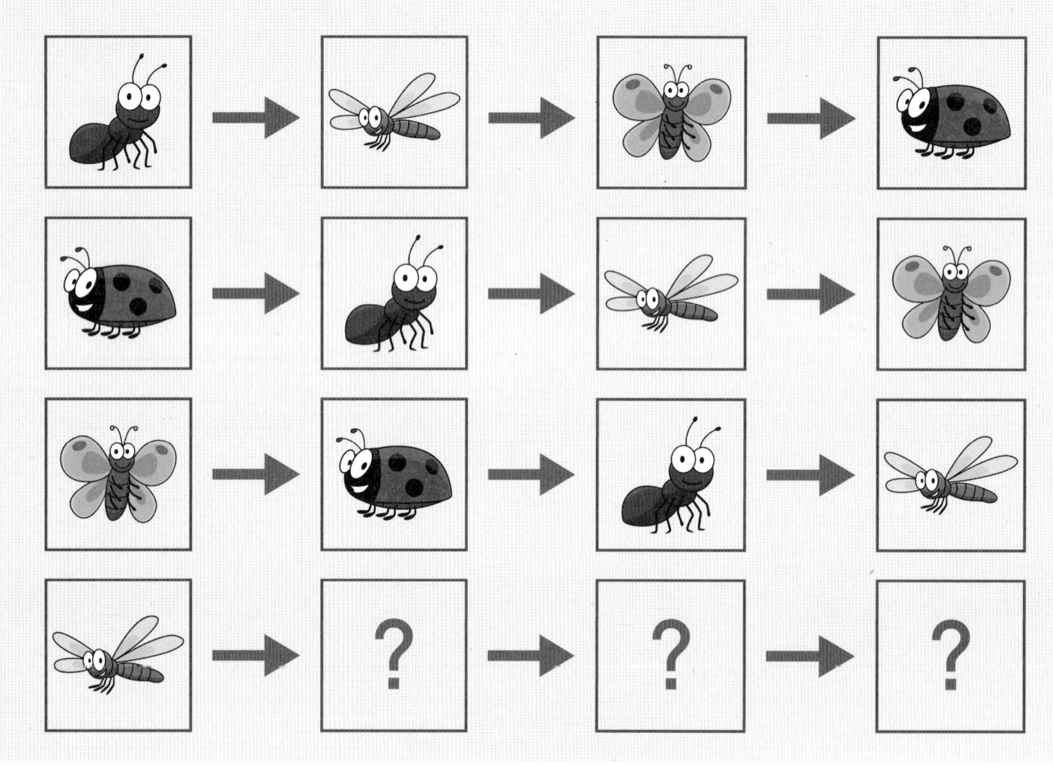

(, ,)

패턴(Pattern)

일정하게 반복되는 모양이나 형식을 패턴(Pattern)이라 해요.

STEP 2

[수학교과역량] **추론능력, 창의·융합능력**

아래 그림에는 다음과 같은 일정한 패턴이 있어요. 빈칸에 들어갈 동물이 무엇인지 순서대로 나열해 보세요.

패턴

1. 사자 뒤에는 호랑이가 있어요.
2. 호랑이 뒤에는 말이 있어요.
3. 말 뒤에는 토끼가 있어요.
4. 토끼 뒤에는 고양이가 있어요.

앞 ◀◀◀ ▶▶▶ 뒤

07 규칙 따라 모양 따라
규칙과 패턴 2

≫ 정답 및 해설 13쪽

계속해서 반복되는 규칙을 따라가다 보면 새로운 모양을 발견할지도 몰라요. 패턴을 따라 여행하며 새로운 모양을 발견해 볼까요?

핵심 키워드 #규칙 #패턴

STEP 1

[수학교과역량] 추론능력

페페는 패턴을 이용해 전구 글자 장식을 만들려고 합니다. 다음 패턴을 이용하여 아래의 전구를 색칠하고, 어떤 글자가 숨어있는지 찾아 보세요.

패턴

1번 전구는 색칠하지 않고, 2번 전구는 빨간색, 3번 전구는 초록색으로 색칠합니다.

( )

STEP 2

[수학교과역량] 추론능력, 창의·융합능력

제제는 열심히 배운 곱셈구구를 이용해 다음과 같은 색깔 패턴을 만들었습니다.

패턴

1. 곱셈구구 2단은 노란색, 5단은 빨간색, 7단은 파란색으로 색칠합니다.
2. 2단과 5단이 겹칠 때는 주황색으로 색칠합니다.
3. 5단과 7단이 겹칠 때는 보라색으로 색칠합니다.
4. 2단과 7단이 겹칠 때는 초록색으로 색칠합니다.

이 패턴을 이용하여 아래 표의 숫자칸에 알맞은 색을 칠해 보세요.

2	14	49	8
5	4	15	63
16	7	45	6
21	35	10	25

×	1	2	3	4	5	6	7	8	9
2	2	4	6	8	10	12	14	16	18
5	5	10	15	20	25	30	35	40	45
7	7	14	21	28	35	42	49	56	63

규칙 따라 모양 따라

08 패턴과 디자인

≫ 정답 및 해설 14쪽

알록달록한 색이나 아름다운 무늬들 사이에는 패턴이 숨겨져 있어요. 패턴을 만들어 실생활 용품을 디자인해 볼까요?

핵심 키워드 #규칙 #패턴 #디자인

STEP 1

[수학교과역량] **추론능력**

다음 그림의 패턴 속 규칙을 찾아 보세요. 찾은 규칙을 이용해서 빈칸을 채워 보세요.

(1)

(2)

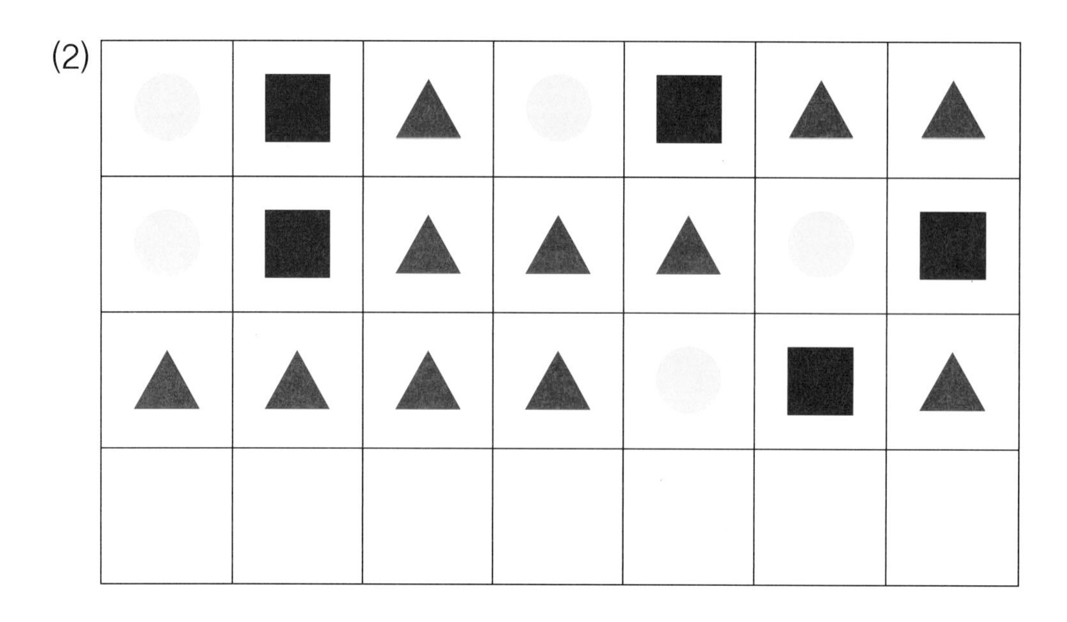

STEP 2 [수학교과역량] 문제해결능력, 창의·융합능력

알록달록한 실을 사용하여 목도리를 뜨려고 해요. 빨간색 실, 노란색 실, 초록색 실, 파란색 실을 이용해 패턴을 만들고, 이 패턴을 사용하여 목도리를 색칠해 보세요. 또, 패턴을 만든 방법을 설명해 보세요.

예시

페페는 '빨간색 실이 1번, 노란색 실이 2번, 초록색 실이 1번, 파란색 실이 1번' 반복되어 엮이는 패턴의 목도리를 만들었습니다.

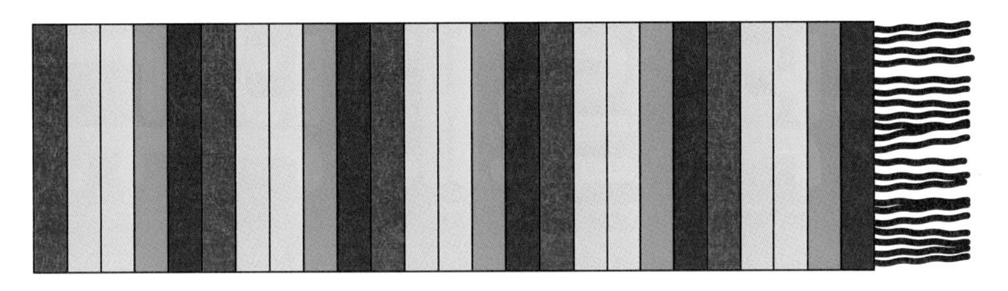

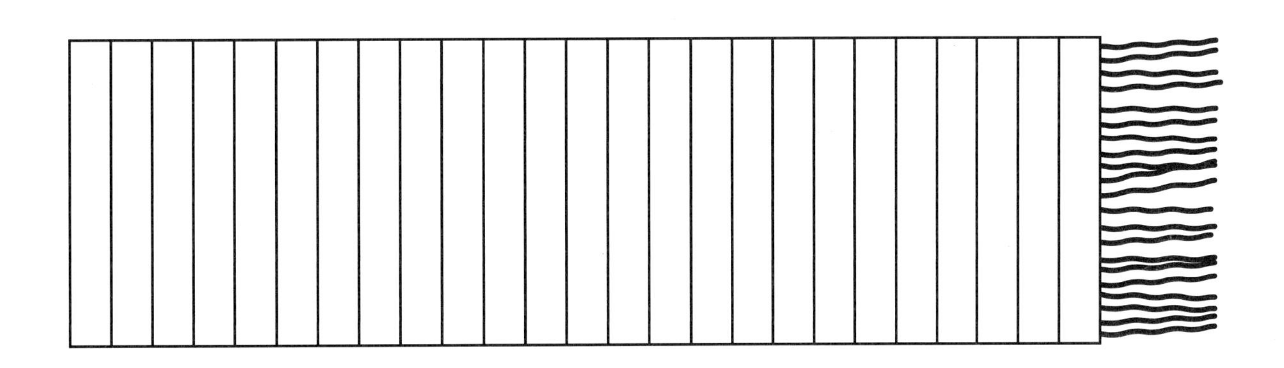

이 목도리의 패턴은 '빨간색 실이 (   )번, 노란색 실이 (   )번, 초록색 실이 (   )번, 파란색 실이 (   )번' 반복되어 엮이는 패턴입니다.

디자인(Design)

디자인(Design)이란 목적에 맞게 제품의 형태, 색상, 장식 등을 계획하거나 꾸미는 것을 말해요. 디자인이 잘 된 제품은 우리 생활을 더욱 편리하게 해요. 그리고 눈으로 보는 즐거움도 선물해 줘요.

도전! 코딩 스크래치 주니어(Scratch Jr.) **소리 나는 곱셈구구표**

(출처: 스크래치 주니어(Scratch Jr.))

스크래치 주니어(Scratch Jr.)는 Tufts 대학, the MIT Media Lab, the Playful Invention Company의 협업으로 만들어진 어린이 대상 무료 블록 코딩 어플리케이션입니다.
1단원에서 우리는 스크래치 주니어를 이용해서 컴퓨터의 장치들과 우리 몸의 기관들을 연결하는 이야기를 만들어 보았습니다.
2단원에서는 소리 나는 곱셈구구표를 만들어 보겠습니다.
스크래치의 다양한 기능을 연습해서 나만의 작품을 재미있게 만들어 봅시다.

WHAT?

➔ 규칙에 알맞게 수를 배열하여 곱셈구구표를 만들어 봅시다. 그리고 곱셈구구표 속 숫자들을 눌렀을 때, 소리가 나는 장치를 추가해 봅시다.

HOW?

➔ 1단원 도전! 코딩에서 다운 받은 어플리케이션으로 접속을 합니다.
아직 어플리케이션을 다운 받지 않으셨나요? 아래 QR코드를 이용해서 어플리케이션을 다운 받아 보세요. (단, 호환 기종을 확인하세요.)

▲ 구글 플레이스토어

▲ 애플 앱스토어

➔ 코딩을 시작하기 전, 아래 QR코드 속 영상을 통해 방법을 익혀 볼까요?

영상을 확인했나요? 이제 직접 코딩해 보세요!

1. 집 모양 아이콘을 클릭하세요.

2. My Projects창에서 + 버튼을 눌러 새로운 프로젝트를 시작하세요.

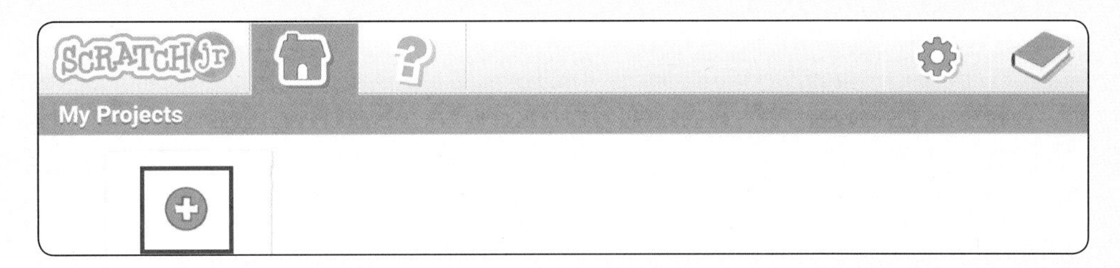

3. 그림 모양 아이콘을 클릭하여 배경을 추가해 주세요.

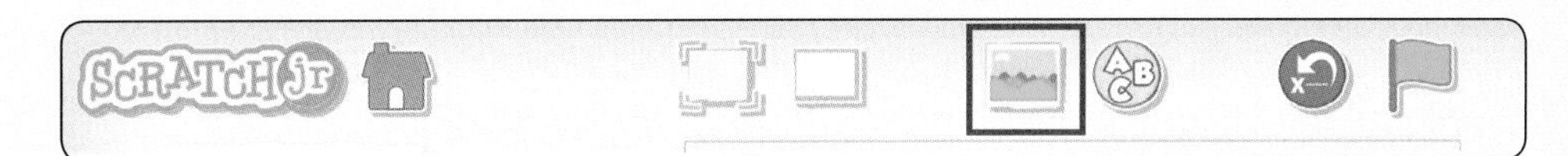

4. 오른쪽 위의 붓 모양 아이콘을 눌러 주세요.

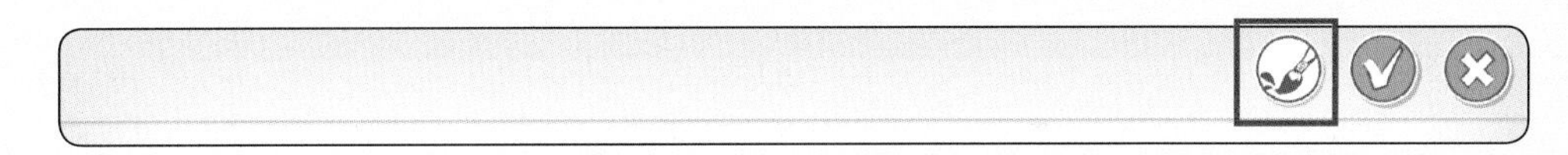

5. 꾸미기 도구를 사용하여 곱셈구구표를 그려 보세요. 내용은 비워 두세요.
   다 그린 후, 확인 버튼을 눌러 주세요.

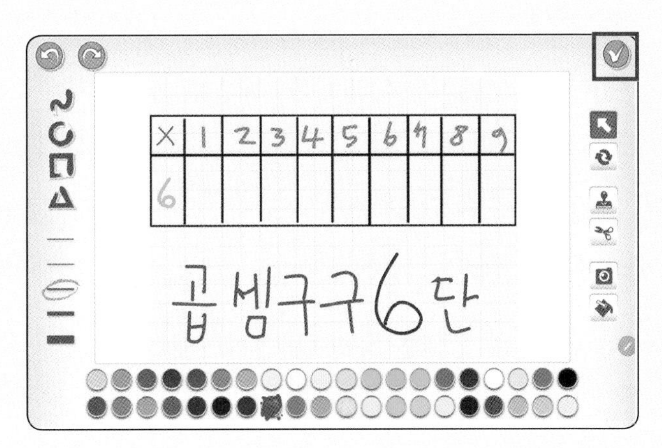

6. 왼쪽의 캐릭터 탭에서 캐릭터를 꾹 누르면 삭제 버튼이 뜹니다. ×를 눌러 고양이 캐릭터를 삭제해 주세요.
   그리고 아래쪽의 + 버튼을 눌러 새로운 캐릭터를 추가해 주세요.

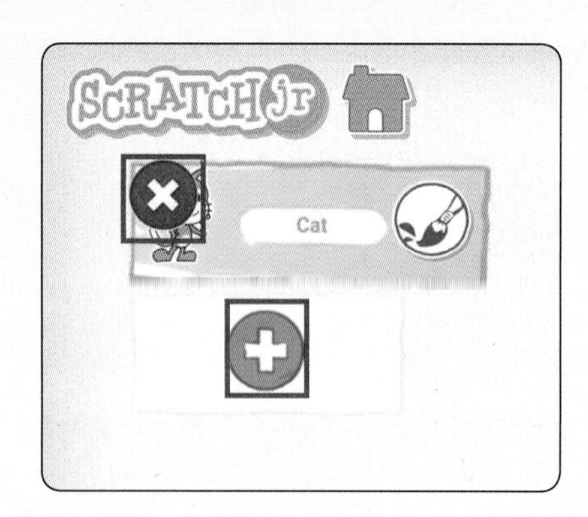

7. 오른쪽 위의 붓 모양 아이콘을 눌러 주세요.

8. 5번에서 그린 표에 들어갈 숫자를 하나씩 적어 보세요. 글자의 크기는 여러분이 그린 표에 맞게 조절하여 적으면 돼요. 다 적은 후, 확인 버튼을 눌러 주세요.

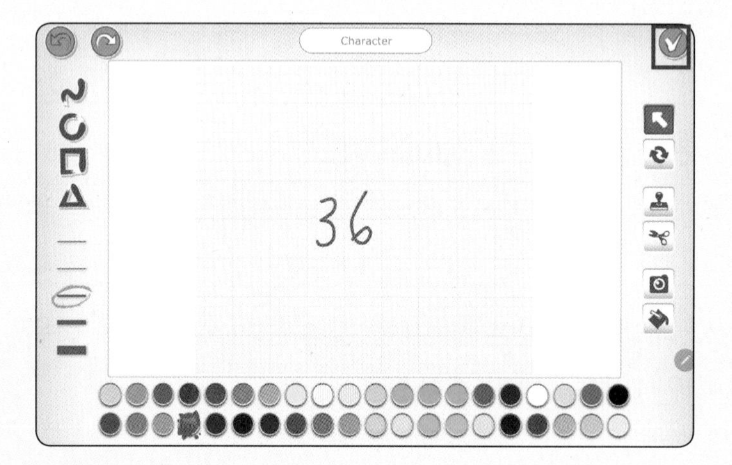

9. + 버튼을 눌러 새로운 숫자를 추가로 적어 보세요.
10. 스테이지에서 숫자를 꾹 누르고 끌어서 원하는 자리로 옮겨 보세요.

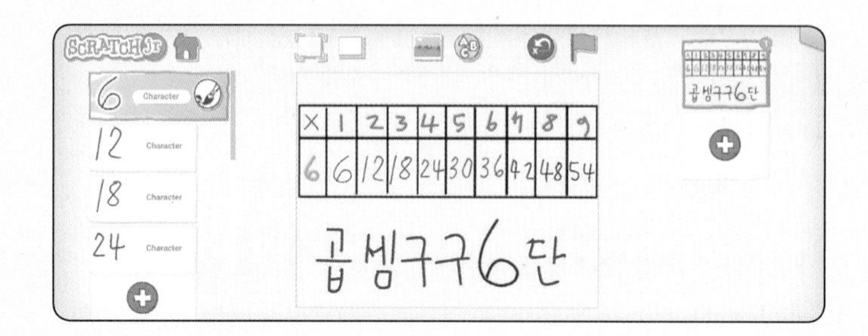

11. 이제 블록을 사용하여 코딩해 봅니다.

여러 가지 기능의 블록들은 아래의 카테고리에 담겨 있습니다.

작동	움직임	시각	소리	제어	종료

노란색 블록들은 작동에 모여 있습니다.

파란색 블록들은 움직임에 모여 있습니다.

보라색 블록들은 시각에 모여 있습니다.

초록색 블록들은 소리에 모여 있습니다.

주황색 블록들은 제어에 몰려 있습니다.

빨간색 블록들은 종료에 모여 있습니다.

12. 숫자를 클릭했을 때, 알맞은 소리가 나도록 코딩해 봅니다. 아래의 그림을 참고하여 블록을 배열해 보세요.

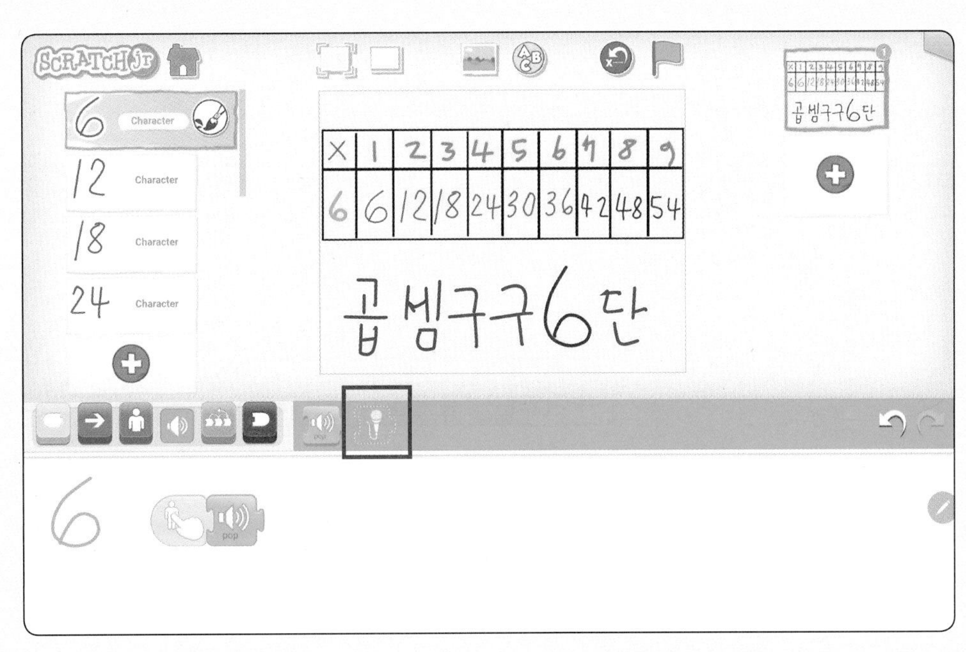

(1) 와 블록을 연결해 두고  버튼을 눌러 보세요.

(2) 아래와 같은 팝업창이 뜨면 ①번의 녹음 버튼을 누르고 원하는 소리를 녹음하세요. 그리고 ②번의 확인 버튼을 눌러 저장하세요.

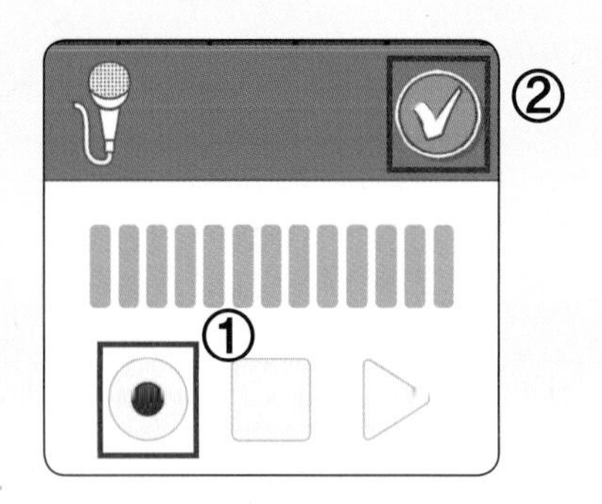

(3) 녹음이 끝나면 [녹음 블록] 블록이 생깁니다.

(4) 아래와 같이 블록을 배열하세요.

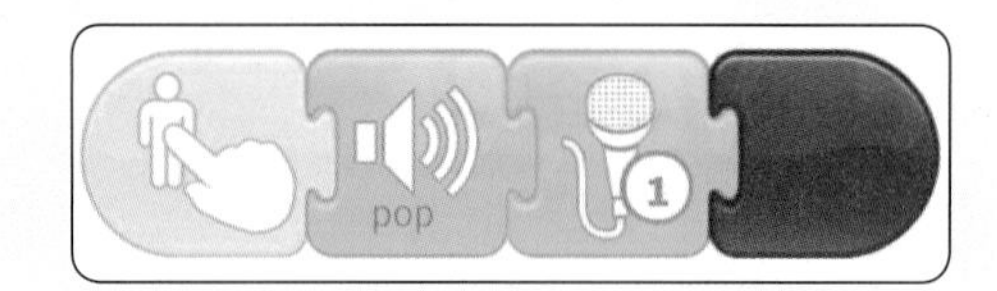

(5) 다른 숫자들도 클릭한 후, (1)~(4)를 반복해서 코딩해 주세요.

tip 블록을 지우고 싶나요? 블록을 꾹 누르고 프로그래밍 창밖으로 밀어 보세요. 블록이 삭제됩니다.

13. 스테이지에서 숫자를 눌러 여러분이 블록을 제대로 배열하여 코딩했는지 확인해 보세요.

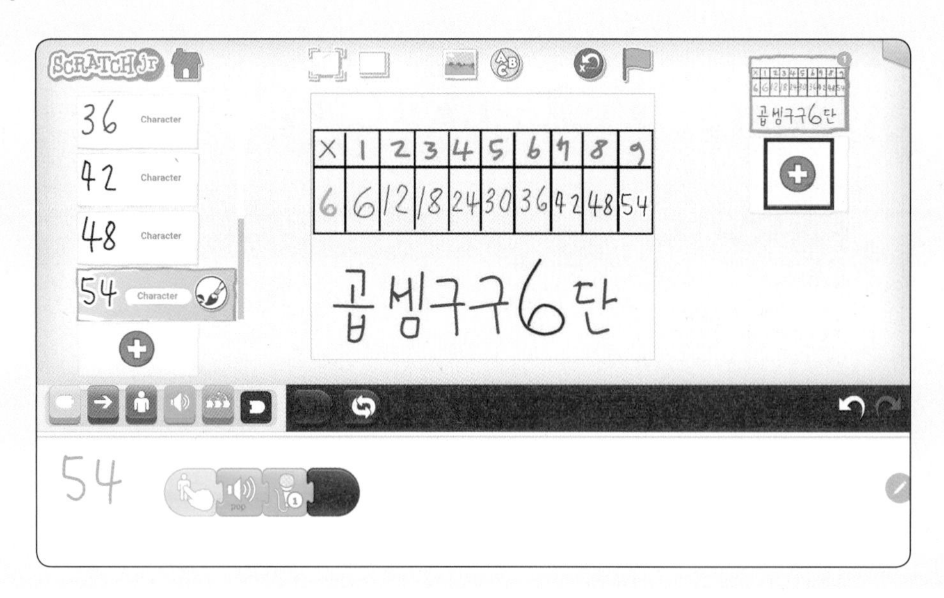

tip 소리 나는 곱셈구구표를 단별로 만들고 싶나요? 장면 추가 버튼을 눌러서 여러 종류의 표를 만들어 보세요.

tip 소리 나는 곱셈구구표를 더 재미있게 만들고 싶나요? 다양한 방법이 있습니다. 숫자 이외의 캐릭터를 추가해 보세요. 표나 숫자를 더 화려하게 꾸며 보세요. 배경 추가 기능을 찾아 배경을 아름답게 꾸며 보세요. 캐릭터들이 만났을 때 나는 효과음을 녹음하여 추가해 보세요.

DO IT!

➔ 스크래치 주니어(Scratch Jr.) 어플리케이션을 설치하고 접속하여 직접 코딩을 즐겨 보세요! 코딩 후엔 꼭 실행해 보세요.

정리 시간

정답 및 해설 15쪽

〈2단원–규칙대로 척척〉을 학습하며 배운 개념들을 정리해 보는 시간입니다.

1 용어에 알맞은 설명을 선으로 연결해 보세요.

분류 ●		● 컴퓨터가 사용하는 언어를 사용해서 컴퓨터에게 명령하는 작업
코딩 ●		● 복잡한 상황을 공통적인 특징으로 묶어 간단하게 만드는 것
패턴 ●		● 일정하게 반복되는 모양이나 형식
추상화 ●		● 여러 부분이 함께 모여 있는 것을 다시 조각조각 나누는 것
분해 ●		● 목적에 맞게 제품의 형태, 색상, 장식 등을 계획하거나 꾸미는 것
디자인 ●		● 일정한 기준에 따라서 대상을 나누는 것

2 〈규칙〉에 알맞게 색칠해 보세요. 그리고 글자를 조합해서 단어를 만들어 보세요.

규칙

1. 글자에 'ㄷ'가 들어가면 색칠하세요.
2. 글자에 'ㅗ'가 들어가면 색칠하세요.
3. 찾은 단어는 우리 책 제목에 있어요.

우	딩	물	리	코	한	사	방	랑

( )

쉬는 시간 언플러그드 코딩놀이 틱택토(tic-tac-toe)

인원	2인	소요시간	5분
방법			

❶ 두 사람은 가위바위보를 통해 순서를 정합니다.
❷ 이긴 사람은 ○, 진 사람은 ×를 사용합니다.
❸ 이긴 사람이 먼저 ○를 원하는 빈칸에 그립니다.
❹ 진 사람은 그 이후에 ×를 원하는 빈칸에 그립니다.
❺ 두 사람이 번갈아가며 한 번씩 ○, ×를 표시하여 가로, 세로, 대각선 중 한 줄을 자신의 무늬로 먼저 채우는 사람이 게임에서 이깁니다.

게임 예시

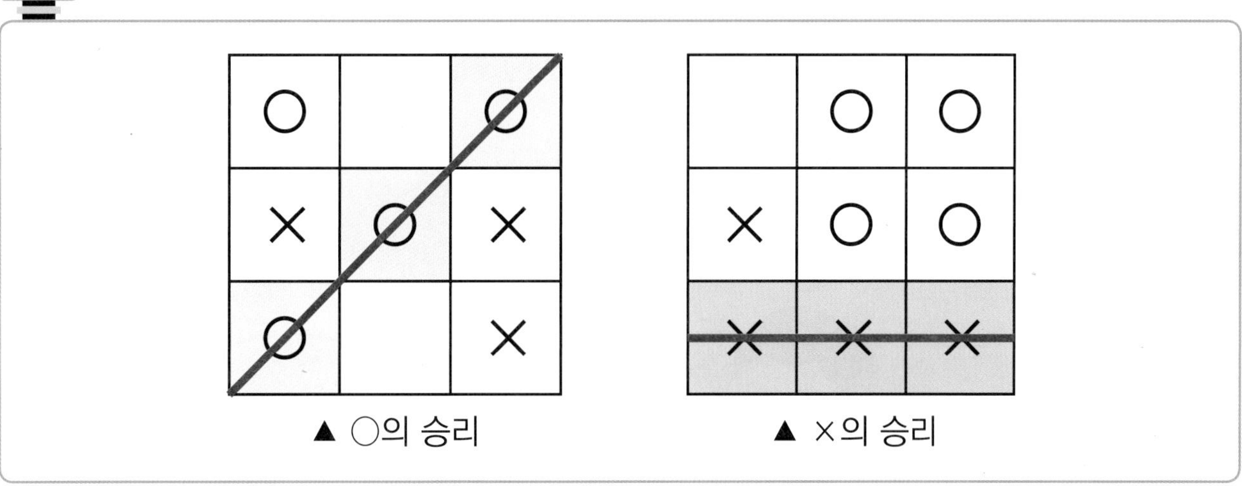

▲ ○의 승리 ▲ ×의 승리

자유롭게 게임을 즐겨 보세요!

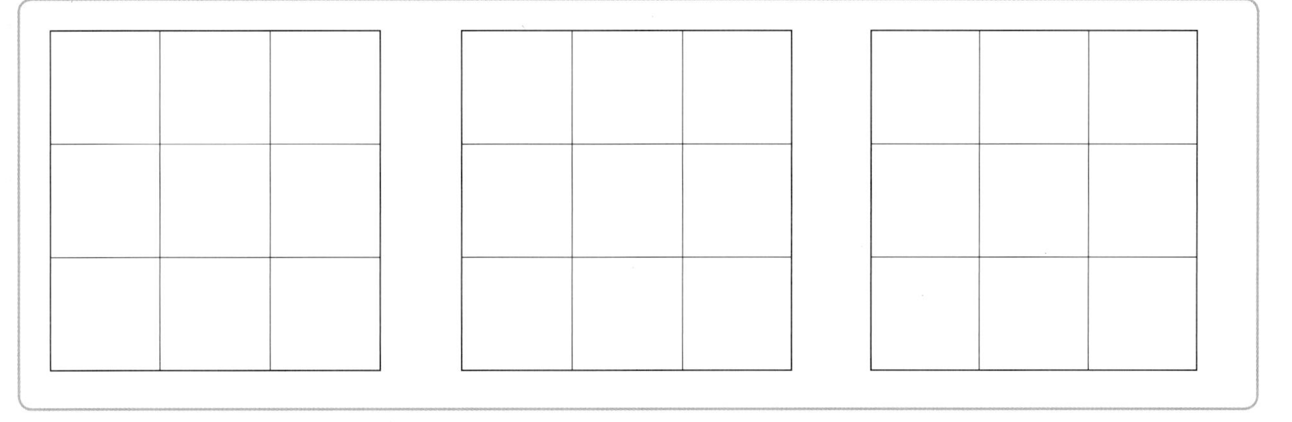

한 발자국 더

직업의 세계 프로그래머

그런 사람들을 프로그래머라고 불러.

- 컴퓨터의 말을 사용해서 컴퓨터에게 일을 시킬 수 있는 시스템을 만드는 사람들이에요.
- 컴퓨터를 작동시키는 데 필요한 프로그램을 제작하기도 해요.
- 컴퓨터, 전자공학, 수학, 영어와 같은 과목을 열심히 공부하면 좋아요.

3

알고리즘이 쑥쑥

학습활동 체크체크

학습내용	공부한 날	개념 이해	문제 이해	복습한 날
1. 규칙과 선택	월　　일			월　　일
2. 기준과 분류	월　　일			월　　일
3. 규칙과 게임	월　　일			월　　일
4. 알고리즘과 명령어	월　　일			월　　일
5. 길찾기와 알고리즘	월　　일			월　　일
6. 경로와 알고리즘	월　　일			월　　일
7. 규칙과 알고리즘	월　　일			월　　일
8. 비교와 알고리즘	월　　일			월　　일

01 규칙과 선택

무엇을 선택할까?

정답 및 해설 16쪽

우리는 항상 선택을 해야 할 상황이 생겨요. 그럴 때에 규칙을 정해 놓으면 쉽게 결정을 내릴 수 있어요. 규칙에 따라 의사결정을 내리는 방법에 대해 알아볼까요?

핵심 키워드 #선택 #알고리즘 #의사결정

STEP 1

[수학교과역량] 추론능력, 창의·융합능력

페페는 다음과 같은 규칙에 따라 외출 준비를 하려고 합니다.

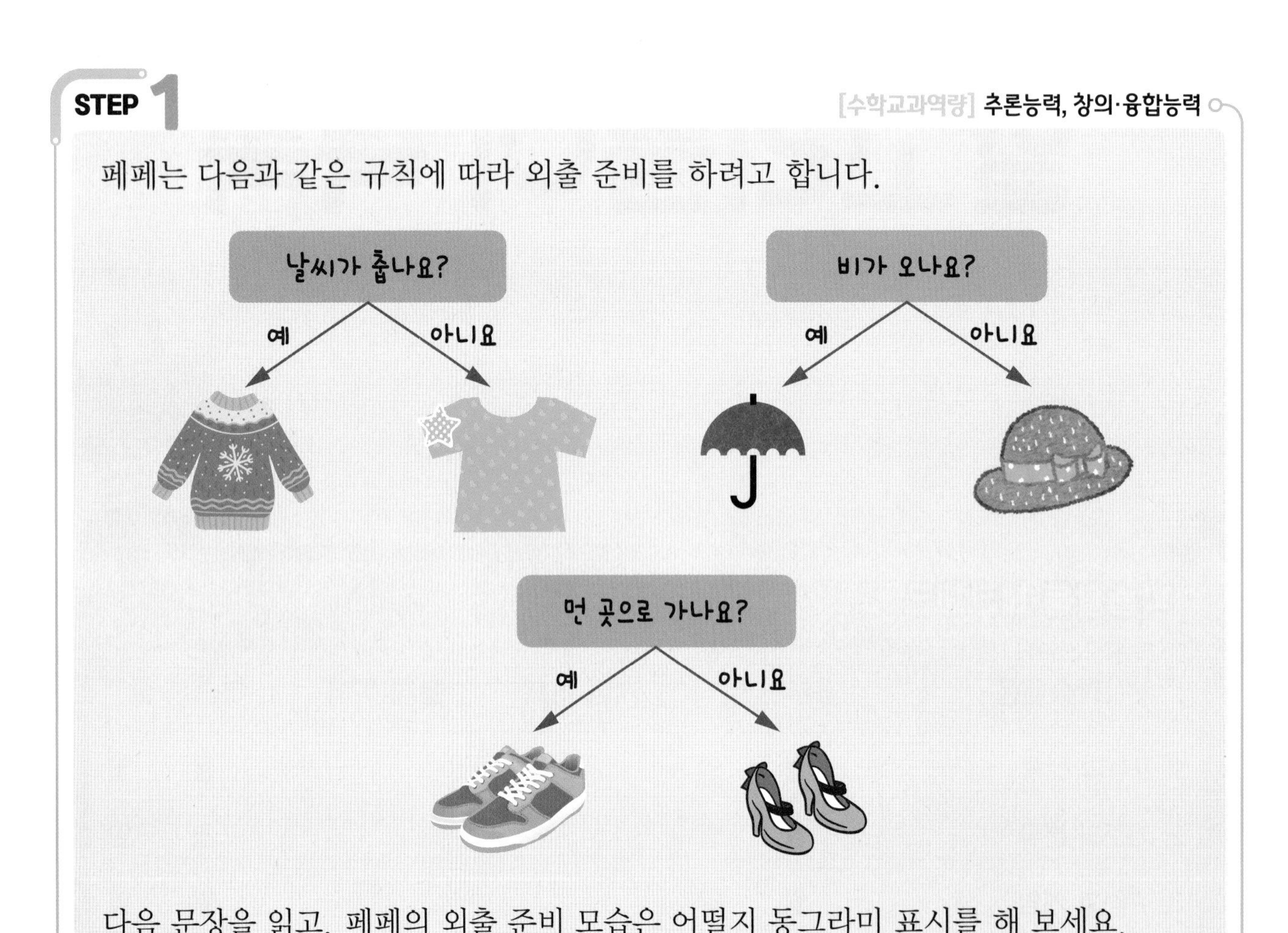

다음 문장을 읽고, 페페의 외출 준비 모습은 어떨지 동그라미 표시를 해 보세요.

페페는 따뜻하고 화창한 날,
제제를 만나기 위해 (스웨터 / 티셔츠)를 입고, (우산 / 모자)를 썼습니다.
가까운 곳에서 제제를 만나기로 한 페페는 (운동화 / 구두)를 신고 외출을 했습니다.

STEP 2

[수학교과역량] 추론능력, 문제해결능력

약속 장소에서 만난 제제와 페페는 맛있는 음식을 먹기로 했습니다. 다음은 제제와 페페가 선택한 음식에 대한 설명과 대답일 때, 어떤 음식을 선택했을지 〈보기〉에서 찾아 써 보세요.

음식에 대한 설명	대답	음식에 대한 설명	대답
면 음식인가요?	아니오	매콤한 음식인가요?	아니오
치즈가 들어갔나요?	네	동그랗게 생긴 음식인가요?	네
납작한 음식인가요?	아니오	원통 모양으로 생긴 음식인가요?	네

보기

떡볶이 라면 피자 햄버거 스파게티 불고기

(   )

선택과 의사결정

우리는 매일매일 선택을 해야 해요. 선택을 할 때, 기준을 정하면 현명한 선택을 할 수 있어요. 이렇게 여러 가지 중 기준에 따라 합리적인 선택을 하는 것을 의사결정이라고 합니다.

02 기준에 따라 분류해요

기준과 분류

정답 및 해설 16쪽

분류는 기준에 따라 나누는 것이에요. 분류를 할 때에는 분류 기준을 세우는 것이 중요해요. 기준을 정해 분류하는 방법에 대해 알아볼까요?

핵심 키워드 #분류 #알고리즘

STEP 1

[수학교과역량] 추론능력, 창의·융합능력

다양한 도형을 모아놓은 주머니가 있습니다. 도형을 두 가지 기준에 따라 분류했을 때, 그 수를 세어 빈칸을 채워 보세요.

(1)

분류 기준	모양		
모양	원	삼각형	사각형
개수	개	개	개

(2)

분류 기준	색깔		
색깔	빨간색	노란색	초록색
개수	개	개	개

생각 쑥쑥 **분류 기준**

분류를 할 때에는 분류 기준을 잘 세우는 것이 중요합니다. 누가 분류하더라도 같은 결과가 나올 수 있도록 분류 기준은 분명하고 정확한 기준이어야 합니다.

STEP 2 [수학교과역량] 추론능력, 문제해결능력

다음의 동물을 특징에 따라 분류하려고 합니다. 이때, 아래 빈칸을 채워 보세요.

(1) 정해진 기준에 따라 분류하고 그 수를 세어 보세요.

분류 기준	다리의 수		
다리의 수 (개)			
동물의 수 (마리)			

(2) 기준을 정하여 분류하고 그 수를 세어 보세요.

분류 기준			
동물의 수 (마리)			

규칙을 따라가요

03 규칙과 게임

정답 및 해설 17쪽

모든 게임에는 규칙이 있어요. 규칙을 하나하나 따라가며 게임의 과정과 결과를 생각해 볼까요?

핵심 키워드 #게임 #알고리즘 #규칙

STEP 1

[수학교과역량] 추론능력

노란색 네모로 표시된 계산기 버튼을 누르면 위의 창에 그 결과가 나타납니다. 〈예시〉와 같이 아래 계산기의 창에 나타난 결과를 보고, 알맞은 계산식을 써 보세요. (단, 계산기의 버튼은 한 번씩만 눌렀고, 계산기의 버튼을 눌러 만든 수는 한 자리 수 또는 두 자리 수입니다.)

예시

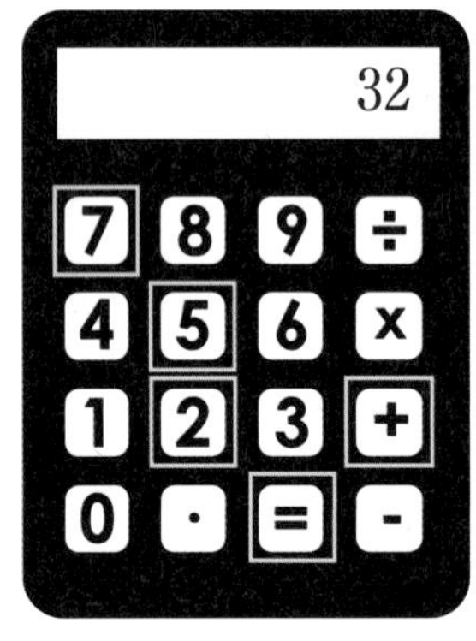

$25+7=32$
또는 $27+5=32$

(1)

48

계산식 : ______________________

(2)

8

계산식 : ______________________

STEP 2

[수학교과역량] **추론능력, 문제해결능력**

다음은 사다리 타기 〈규칙〉입니다. 〈규칙〉에 따라 사다리를 타고 내려갔을 때, 빈칸에 알맞은 동물의 이름을 써 보세요.

규칙

1. 세로선의 위에서 아래로 내려갑니다.
2. 세로선을 따라가다 가로선을 만나면 그 가로선을 따라 바로 옆의 세로선으로 이동하여 다시 아래로 내려갑니다.
3. 마지막에 도착할 때까지 2의 과정을 반복합니다.

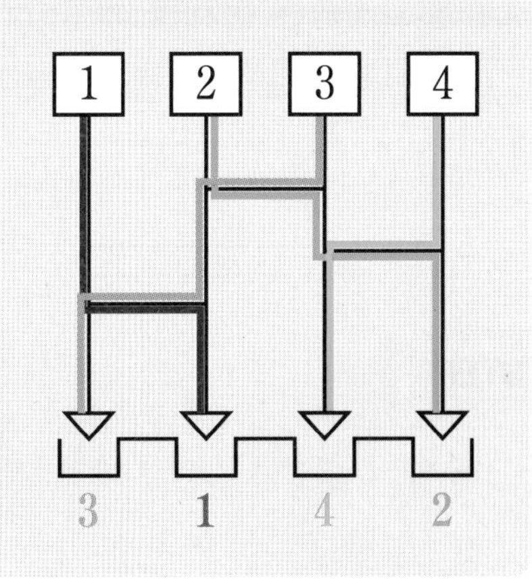

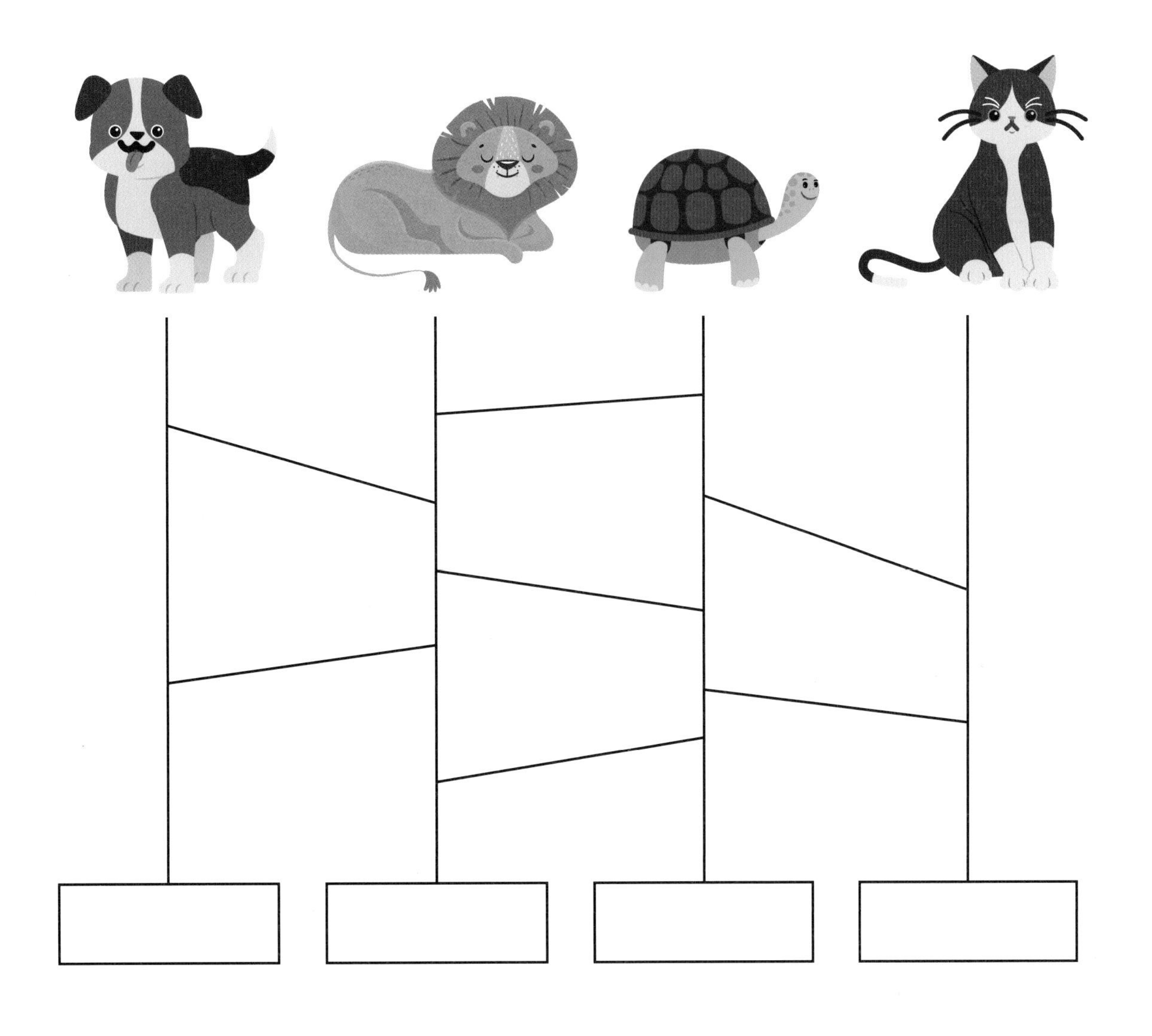

3 단원

하나씩 차근차근

04 알고리즘과 명령어

정답 및 해설 19쪽

알고리즘은 문제를 해결하거나 기계를 작동시키기 위해 필요한 명령들을 모아 놓은 것이에요. 컴퓨터와 같은 기계를 작동시키기 위해서 꼭 필요한 알고리즘에 대해 알아볼까요?

핵심 키워드 #알고리즘 #명령어 #순차구조

STEP 1

[수학교과역량] 추론능력, 문제해결능력

제제는 요리사 로봇에게 잼을 바른 맛있는 토스트를 만들어 달라고 부탁하려고 합니다. 〈재료〉를 다음과 같이 준비했을 때, 로봇에게 어떤 순서로 명령을 해야 할지 〈보기〉의 기호를 순서대로 빈칸에 써 보세요.

재료

보기

ㄱ. 접시에 있는 빵 한 조각 위에 잼을 발라 줘.
ㄴ. 잼 뚜껑을 열고 숟가락으로 잼을 떠 줘.
ㄷ. 빵 한 조각을 잼을 바른 빵 위에 덮어 완성해 줘.
ㄹ. 접시 위에 빵 한 조각을 올려 줘.

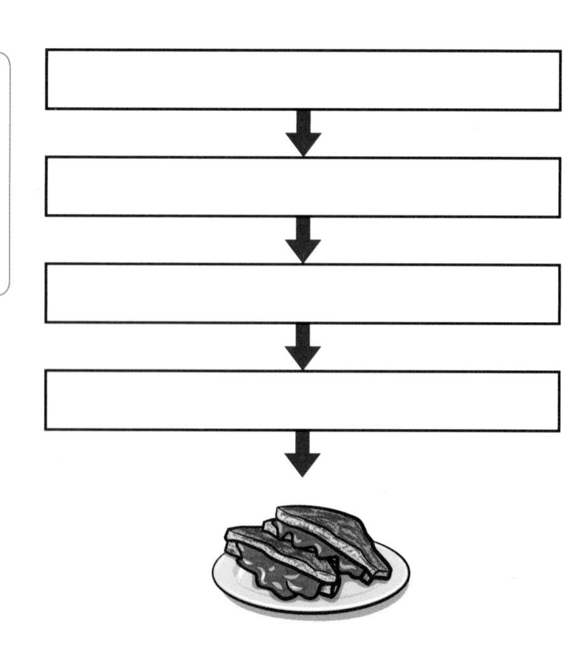

알고리즘(Algorithm)

알고리즘(Algorithm)은 문제를 해결하거나 기계를 작동시키기 위해 필요한 명령들을 순서대로 모아 놓은 것이에요. 컴퓨터는 이러한 알고리즘에 따라 일을 하는 대표적인 기계입니다.

STEP 2

[수학교과역량] **추론능력, 문제해결능력**

이번에는 제제가 화가 로봇에게 그림을 그려 달라고 부탁하려고 합니다. 다음과 같은 순서로 명령을 했을 때, 어떤 그림이 완성되었을지 그려 보세요.

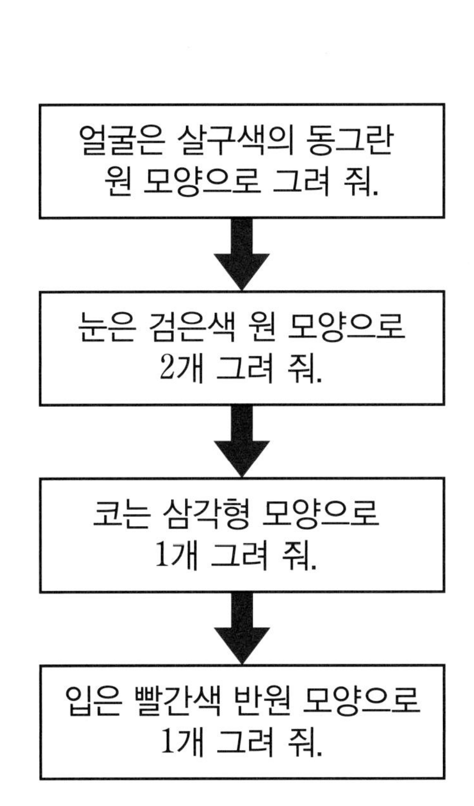

05 출발부터 도착까지 길찾기과 알고리즘

≫ 정답 및 해설 19쪽

요리조리 길을 찾기 위해서 알고리즘이 필요해요. 조건을 만족시키는 길찾기를 해 볼까요?

핵심 키워드 #길찾기 #미로찾기 #알고리즘 #한붓그리기

STEP 1

[수학교과역량] 추론능력, 문제해결능력

로봇이 출발점에서 출발하여 도착점까지 이동하면서 모든 부품들을 한 번씩 만날 수 있도록 길을 그려 보세요. (단, 한 번 지나간 칸은 다시 지날 수 없습니다.)

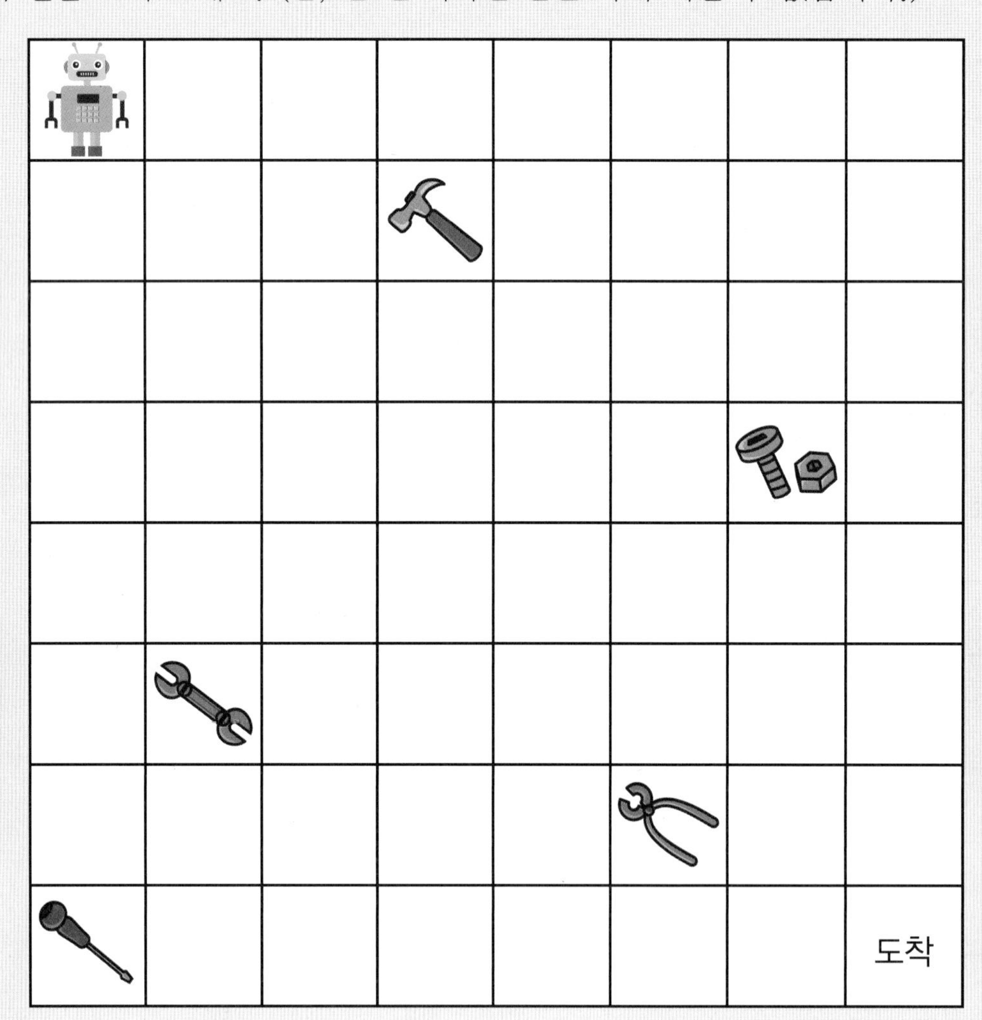

STEP 2

[수학교과역량] 추론능력, 문제해결능력, 창의·융합능력

다음 〈예시〉와 같이 색이 있는 칸에서 출발하여 모든 칸을 한 번씩 지나도록 아래 그림에 선으로 연결해 보세요. (단, 한 번 지나간 칸은 다시 지날 수 없습니다.)

예시

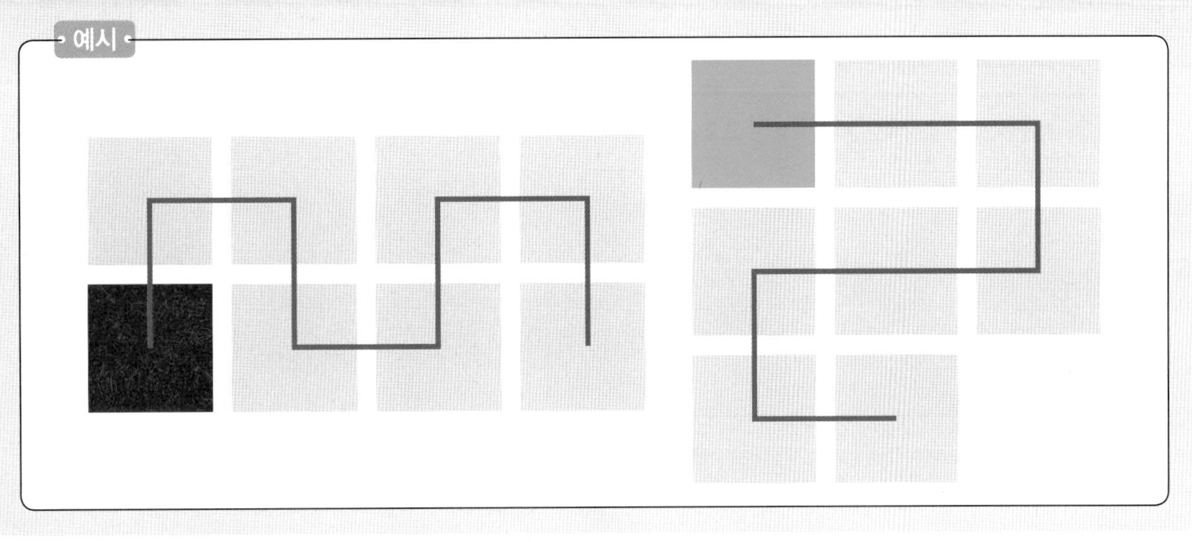

(1) (2)

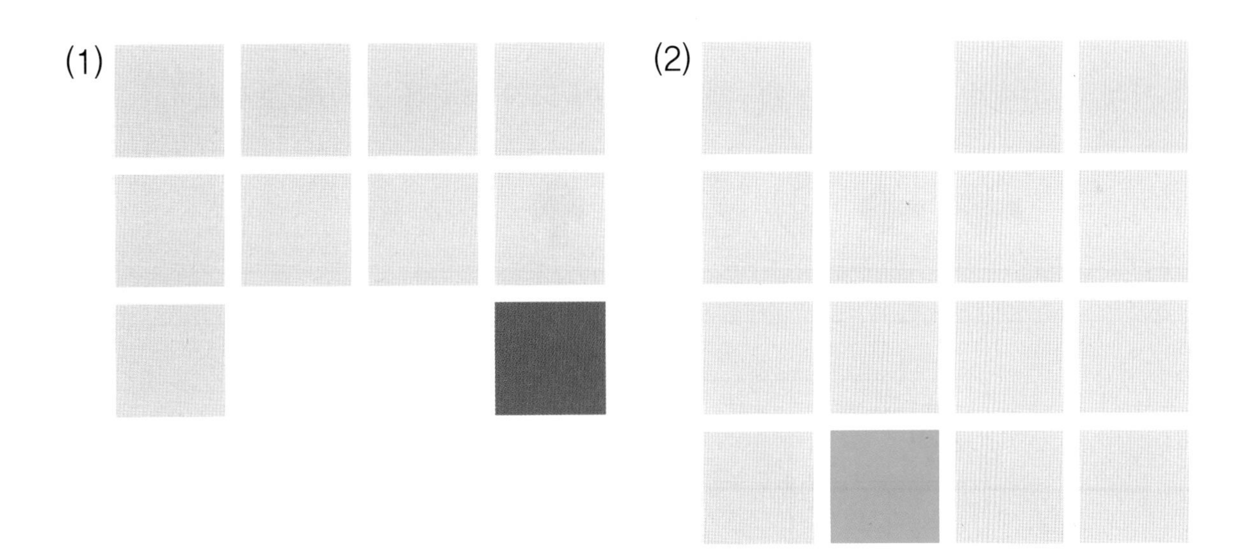

한붓 그리기

한붓 그리기는 붓을 종이 위에서 떼지 않고 같은 곳을 두 번 지나지 않으면서 도형을 그리는 방법이에요.

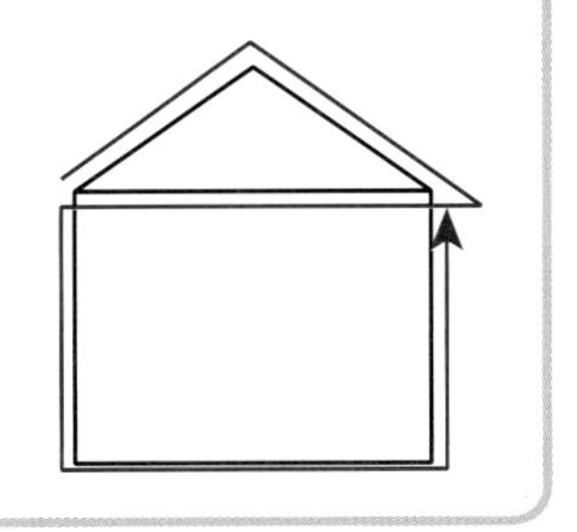

06 어떻게 갈까요? 경로와 알고리즘

정답 및 해설 20쪽

알고리즘은 길을 알려 주기도 합니다. 출발지에서부터 목적지까지 정확하게 이동시켜 주는 알고리즘을 만들어 볼까요?

핵심 키워드 #최단 경로 #그래프 #알고리즘

STEP 1

[수학교과역량] 추론능력, 문제해결능력

제제는 다음과 같은 버튼 〈규칙〉에 따라 움직이는 로봇을 만들었습니다.

규칙

← : 왼쪽으로 1칸 이동해요. → : 오른쪽으로 1칸 이동해요.

↑ : 위쪽으로 1칸 이동해요. ↓ : 아래쪽으로 1칸 이동해요.

제제가 아래와 같이 버튼을 눌렀을 때, 게임 로봇이 도착한 곳을 표시해 보세요.

🤖					

STEP 2

[수학교과역량] **추론능력, 문제해결능력, 창의·융합능력**

페페는 다음과 같은 버튼 〈규칙〉에 따라 움직이는 로봇을 만들었습니다.

규칙

- ⬅ : 왼쪽으로 1칸 이동해요.
- ➡ : 오른쪽으로 1칸 이동해요.
- ⬆ : 위쪽으로 1칸 이동해요.
- ⬇ : 아래쪽으로 1칸 이동해요.
- ✏ : 그 칸을 색칠해요.

만약, 페페가 ➡ ➡ ✏을 입력하면 다음과 같이 세 번째 칸을 색칠합니다.

페페가 아래와 같이 버튼을 눌렀을 때, 어떤 그림이 완성될지 색칠해 보세요

3 단원

07 규칙에 따라 만들어요
규칙과 알고리즘

정답 및 해설 21쪽

우리 주변에는 어떠한 규칙이 반복되는 경우가 있어요. 반복되는 규칙에 숨겨진 알고리즘을 알아볼까요?

핵심 키워드 #규칙 #알고리즘 #반복

STEP 1

[수학교과역량] 추론능력, 문제해결능력

제제는 도형이 그려져 있는 구슬을 차례로 끼워 팔찌를 만들고 있습니다. 다음과 같은 규칙으로 구슬을 끼울 때, 제제가 만들고 있는 팔찌를 완성해 보세요.

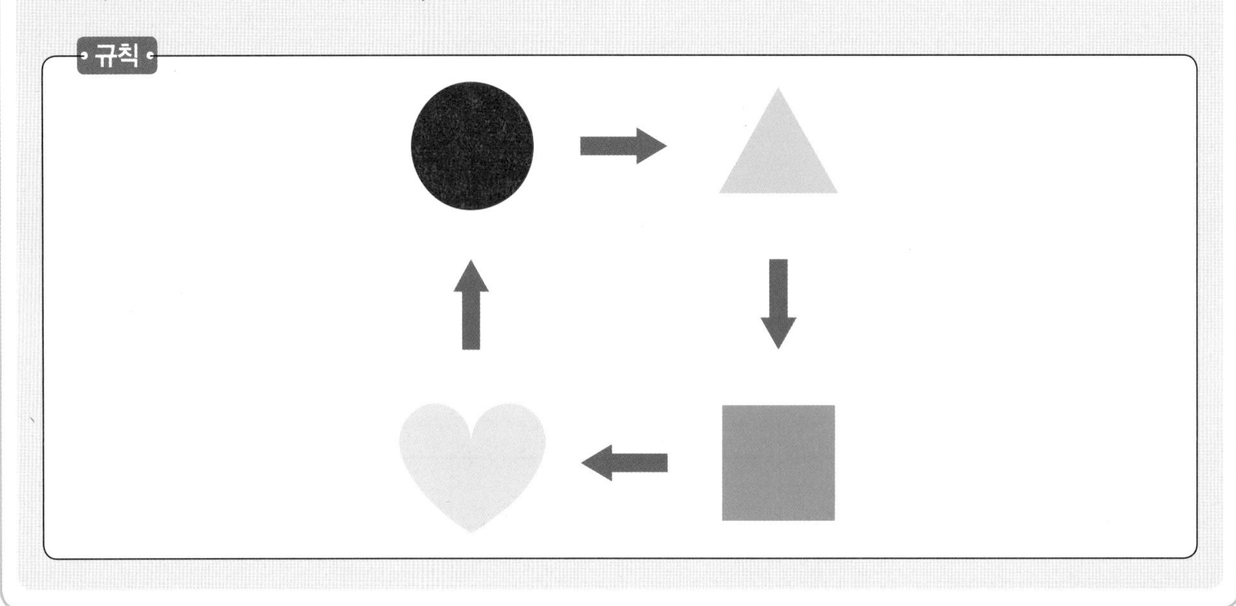

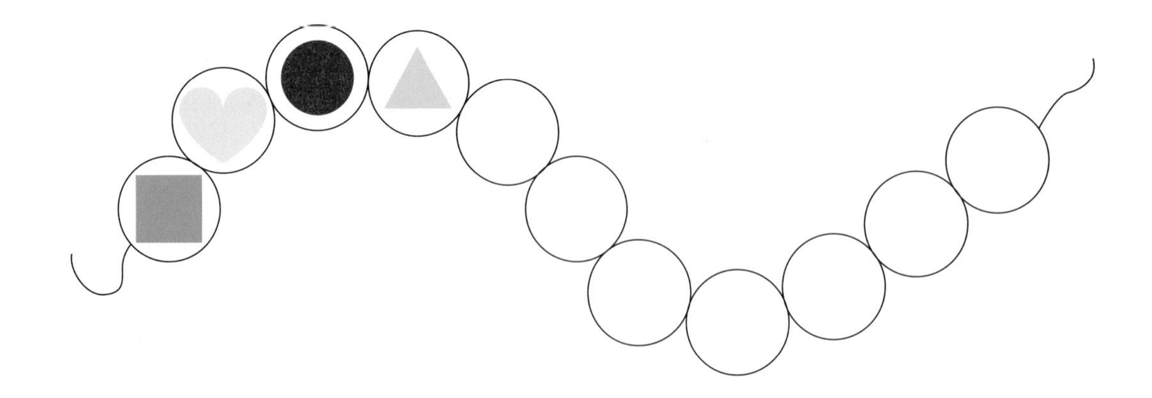

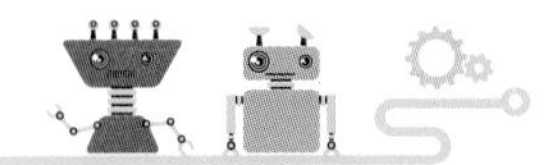

STEP 2

[수학교과역량] **추론능력, 문제해결능력**

크리스마스 트리에 달아둔 전구는 1초마다 다음과 같은 규칙에 의해 색이 변합니다. 1초 후 크리스마스 트리의 모습은 어떻게 변할지 색칠해 보세요.

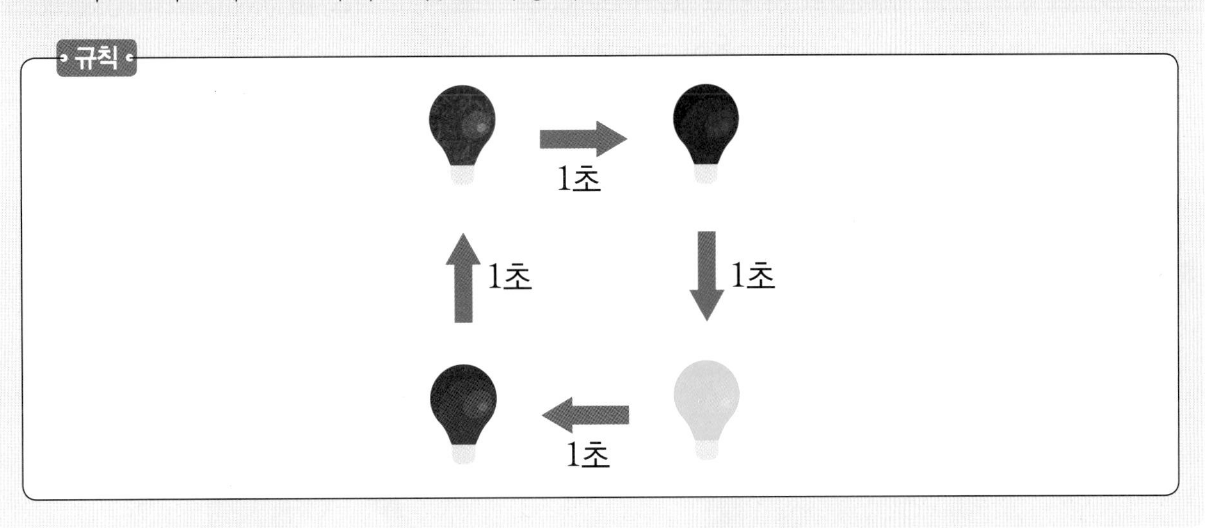

차례대로 나열해요

08 비교와 알고리즘

≫ 정답 및 해설 22쪽

키가 큰 또는 작은 순서대로 한 줄로 서기 위해서는 키를 서로서로 비교해야 해요. 이렇게 크기를 비교하는 과정에서도 알고리즘이 필요해요.

핵심 키워드 #길이 #비교 #정렬 알고리즘

STEP 1

[수학교과역량] 추론능력, 문제해결능력

다음은 공룡의 길이를 나타낸 것입니다. 길이가 긴 순서대로 나열해 보세요.

STEP 2

[수학교과역량] 추론능력, 문제해결능력

재우, 연우, 현우의 1학년 때 키는 각각 128cm, 122cm, 130cm이었고, 1년 동안 자란 키는 다음 표와 같습니다. 2학년이 된 재우, 연우, 현우를 키가 큰 순서대로 나열해 보세요.

〈1학년〉 〈2학년〉

이름	1학년 키	1년 동안 자란 키
재우	128cm	7cm
연우	122cm	5cm
현우	130cm	3cm

3 단원

도전! 코딩

스크래치 주니어(Scratch Jr.) 무서운 숲 만들기

(출처: 스크래치 주니어(Scratch Jr.))

스크래치 주니어(Scratch Jr.)는 Tufts 대학, the MIT Media Lab, the Playful Invention Company의 협업으로 만들어진 어린이 대상 무료 블록 코딩 어플리케이션입니다. 2단원에서 우리는 스크래치 주니어를 이용해 소리 나는 곱셈구구표를 만들어 보았습니다. 3단원에서는 다양한 효과를 이용하여 무서운 숲을 만들어 보겠습니다.
스크래치의 다양한 기능을 연습해서 나만의 작품을 재미있게 만들어 봅시다.

WHAT?

➔ 으슬으슬한 분위기의 숲에서 용을 누르면 점프를, 박쥐를 누르면 빙글빙글 회전을, 뱀을 누르면 크기가 커졌다가 작아졌다가를 반복하는 이야기를 꾸며 봅시다.

HOW?

➔ 1단원 도전! 코딩에서 다운 받은 어플리케이션으로 접속을 합니다. .
아직 어플리케이션을 다운 받지 않으셨나요? 아래 QR코드를 이용해서 어플리케이션을 다운 받아 보세요. (단, 호환 기종을 확인하세요.)

▲ 구글 플레이스토어

▲ 애플 앱스토어

➔ 코딩을 시작하기 전, 아래 QR코드 속 영상을 통해 방법을 익혀 볼까요?

영상을 확인했나요? 이제 직접 코딩을 해 보세요!

1. 집 모양 아이콘을 클릭하세요.

2. My Projects창에서 + 버튼을 눌러 새로운 프로젝트를 시작하세요.

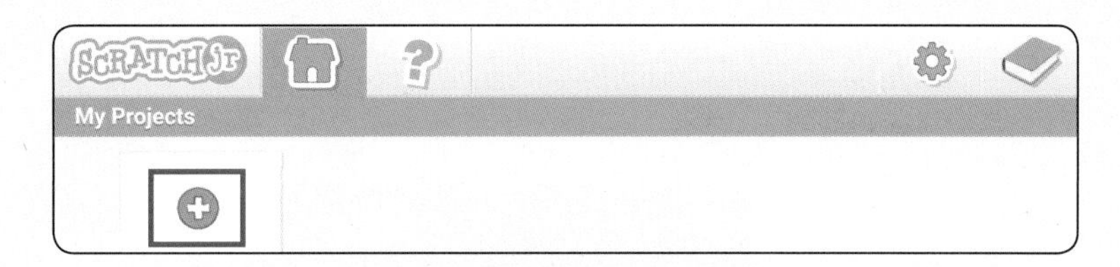

3. 그림 모양 아이콘을 클릭하여 배경을 추가해 주세요.

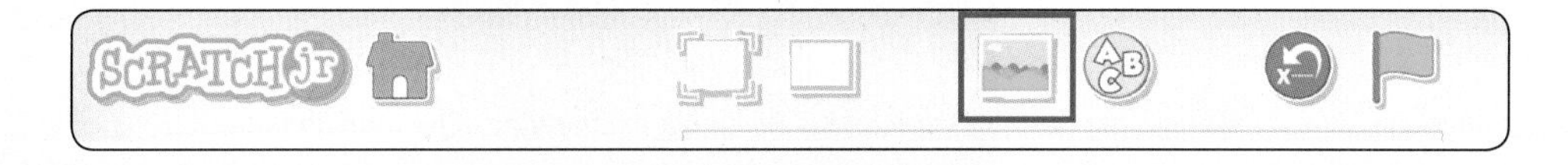

4. 배경이 추가된 모습은 다음과 같습니다.

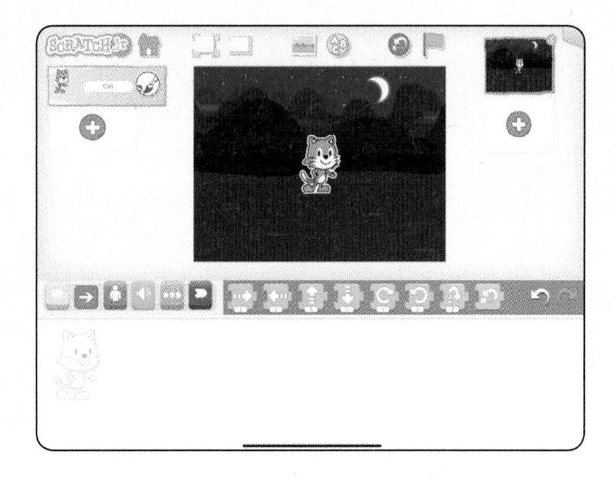

3 단원

5. 왼쪽의 캐릭터 탭에서 캐릭터를 꾹 누르면 삭제 버튼이 뜹니다. ×를 눌러 고양이 캐릭터를 삭제해 주세요.
그리고 아래쪽의 + 버튼을 눌러 용, 박쥐, 뱀을 추가해 주세요.

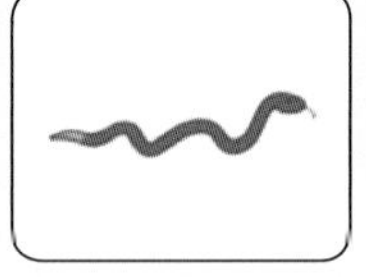

6. 스테이지에서 용, 박쥐, 뱀을 꾹 누르고 끌어서 위치를 조정해 주세요.

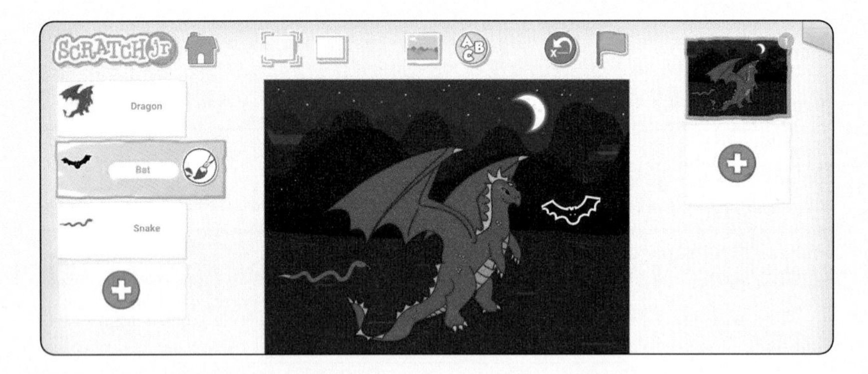

7. 용 아이콘을 누르면 점프를 두 번 하고 앞으로 이동할 수 있도록 다음과 같이 코딩해 주세요.

8. 박쥐 아이콘을 누르면 회전을 할 수 있도록 다음과 같이 코딩해 주세요.

9. 뱀 아이콘을 누르면 크기가 커졌다가 작아졌다가 반복할 수 있도록 다음과 같이 코딩해 주세요.

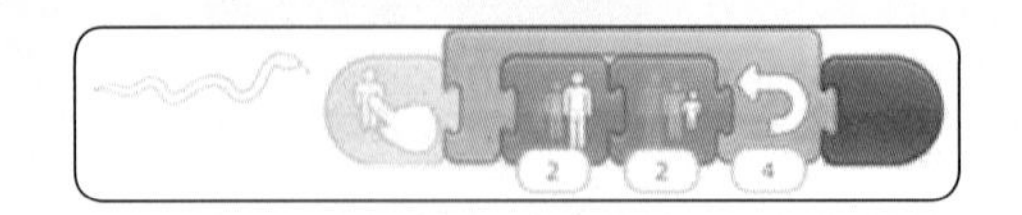

10. 제목을 넣기 위해 (ABC) 버튼을 누르고, 색상 버튼( )을 눌러 흰색 글씨로 바꿔 줍니다. 그 후 '무서운 숲'이라고 적습니다.

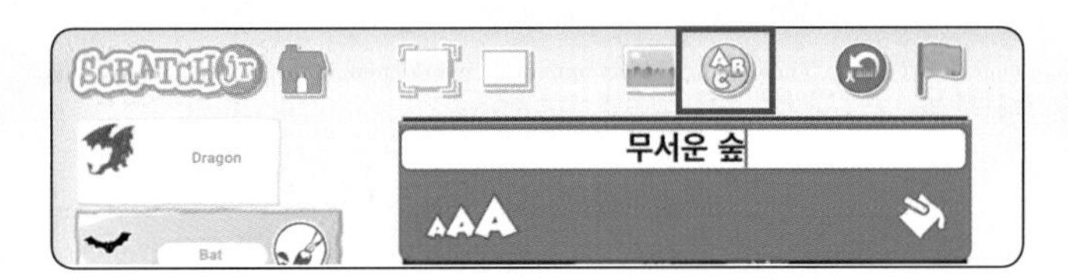

11. 마지막으로 스테이지에서 용, 박쥐, 뱀을 각각 눌러 여러분이 블록을 제대로 배열하여 코딩했는지 확인해 보세요.

tip 나만의 아이콘으로 재미있는 움직임이 있는 동물들을 넣어 보세요.

tip 배경을 바꾸어 다른 분위기로 만들어 보세요.

DO IT!

➔ 스크래치 주니어(Scratch Jr.) 어플리케이션을 설치하고 접속하여 직접 코딩을 즐겨 보세요! 코딩 후엔 꼭 실행해 보세요.

정리 시간

> 정답 및 해설 23쪽

〈3단원–알고리즘이 쑥쑥〉을 학습하며 배운 개념들을 정리해 보는 시간입니다.

1 용어에 알맞은 설명을 선으로 연결해 보세요.

의사 결정 •	• 일정한 기준에 따라서 대상을 나누는 것
분류 •	• 여러 가지 중 기준에 따라 합리적인 선택을 하는 것
분류 기준 •	• 문제를 해결하거나 기계를 작동시키기 위해 필요한 명령들을 순서대로 모아놓은 것
알고리즘 •	• 붓을 종이 위에서 떼지 않고 같은 곳을 두 번 지나지 않으면서 도형을 그리는 방법
한붓 그리기 •	• 분류할 때 그 기준이 되는 것

2 더한 결과가 '9'인 길만 지나가는 로봇이 있습니다. 충전하는 곳까지 무사히 도착할 수 있도록 길을 선으로 연결해 보세요.

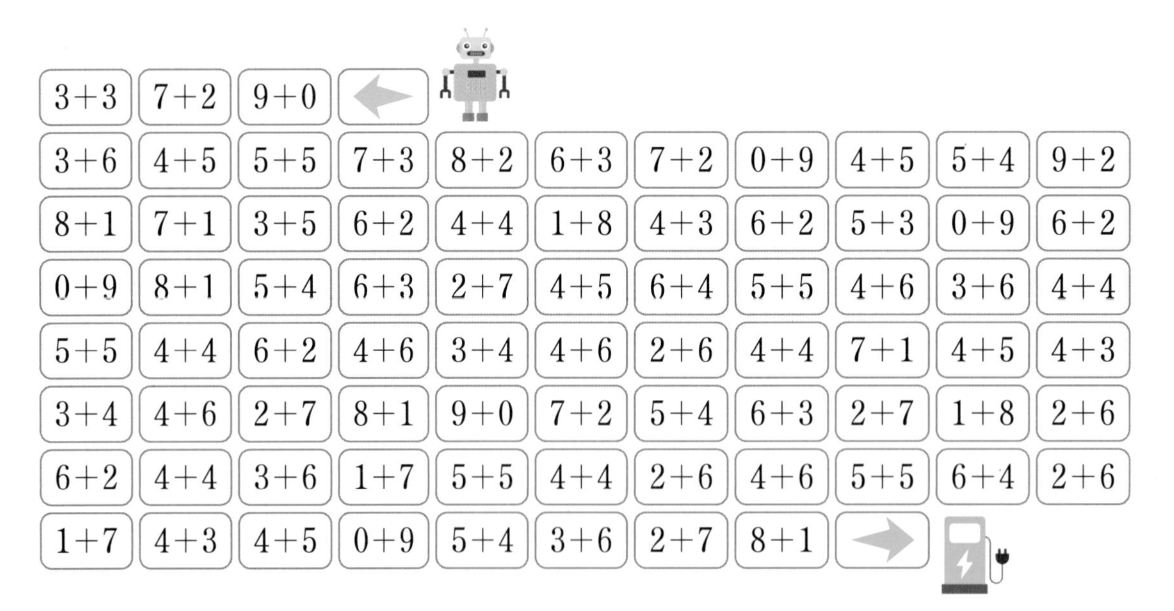

쉬는 시간 언플러그드 코딩놀이 나만의 미로 퀴즈 만들기

인원	2인 ~	소요시간	10분
방법			

❶ 종이에 가로, 세로 각각 5개의 칸이 있는 표를 그리고, 네 모퉁이를 지웁니다.
❷ 미로를 통과하는 선을 그리고, 출발점과 도착점을 표시합니다.
❸ 통과하는 칸들을 동그라미로 표시하고, 동그라미의 개수를 세어 미로 바깥에 씁니다.
❹ 선을 지워 미로를 완성합니다.
❺ 완성된 미로 퀴즈를 서로 바꾸어 풀어 봅니다.
미로 바깥에 있는 숫자를 보고 미로를 통과하는 선을 그려 보세요.

Play <예시> 나만의 미로 퀴즈 만들기

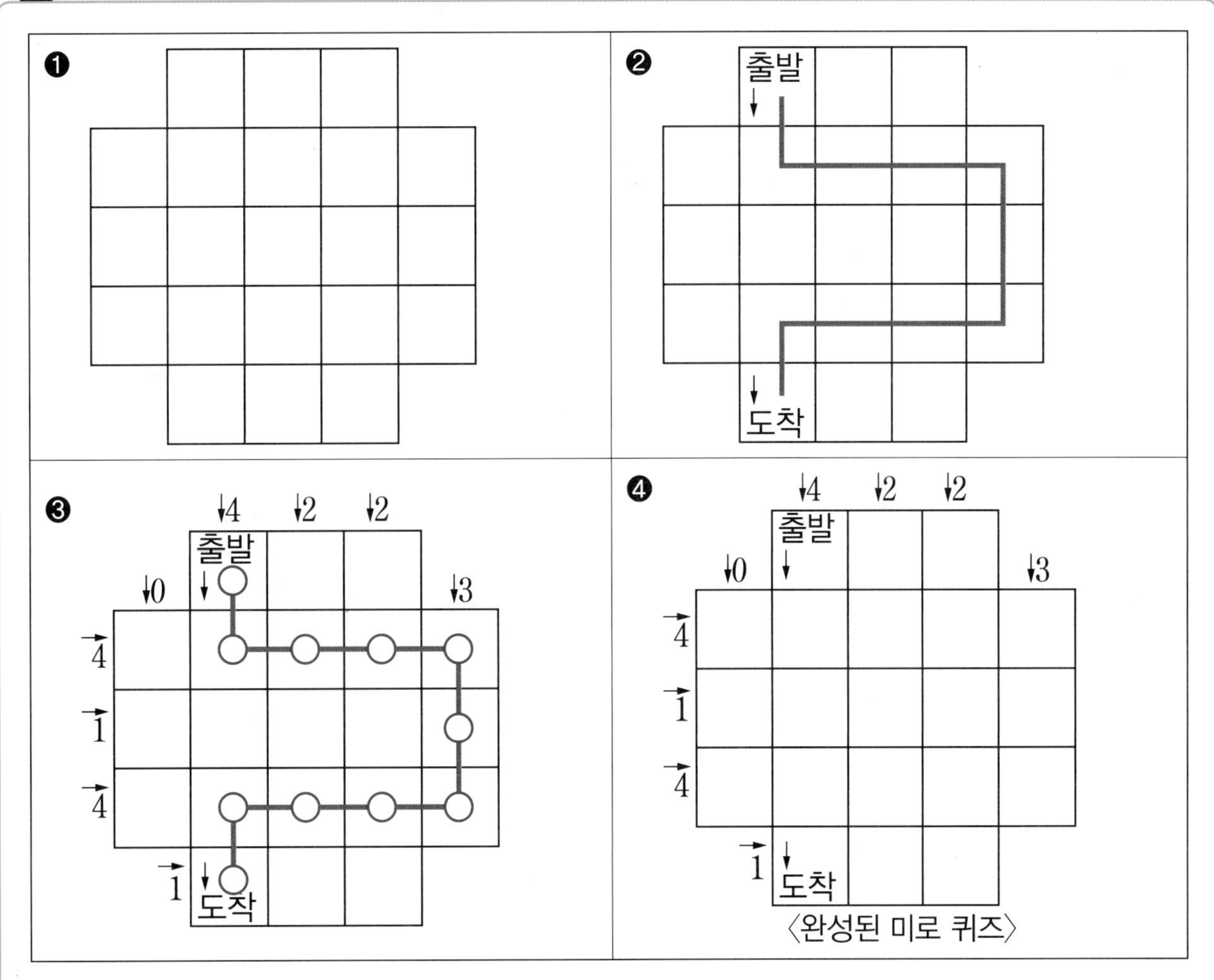

〈완성된 미로 퀴즈〉

한 발자국 더

무엇이 다른걸까? 네비게이션의 비밀

4

나는야 데이터 탐정

학습활동 체크체크

학습내용	공부한 날	개념 이해	문제 이해	복습한 날
1. 도형과 데이터	월 일			월 일
2. 데이터와 추측	월 일			월 일
3. 표와 그래프	월 일			월 일
4. 시간과 데이터	월 일			월 일
5. 오류와 디버깅	월 일			월 일
6. 게임과 데이터	월 일			월 일
7. 명령과 오류	월 일			월 일
8. 오류와 체크섬	월 일			월 일

01 무슨 도형일까?
도형과 데이터

정답 및 해설 23쪽

우리 주변의 물건들에는 다양한 도형이 숨어 있어요. 도형 속에 숨겨진 데이터를 찾아볼까요?

핵심 키워드 #모양 #도형 #데이터

STEP 1

[수학교과역량] 추론능력, 창의·융합능력

다음 물건들을 같은 모양끼리 모으려고 합니다. 빈칸에 해당하는 물건의 이름을 쓰세요.

축구공	케이크	자판기	지구본

캔	냉장고	수박	책
	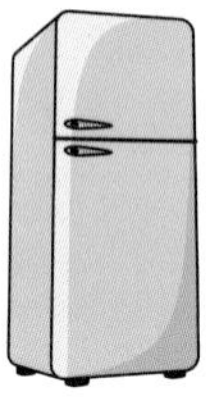		

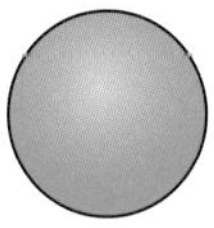	
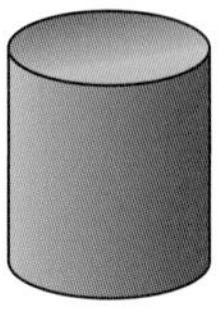	
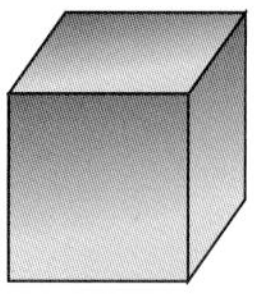	

STEP 2

[수학교과역량] 추론능력, 창의·융합능력

다음 그림에서 찾을 수 있는 도형의 이름을 써 보세요.

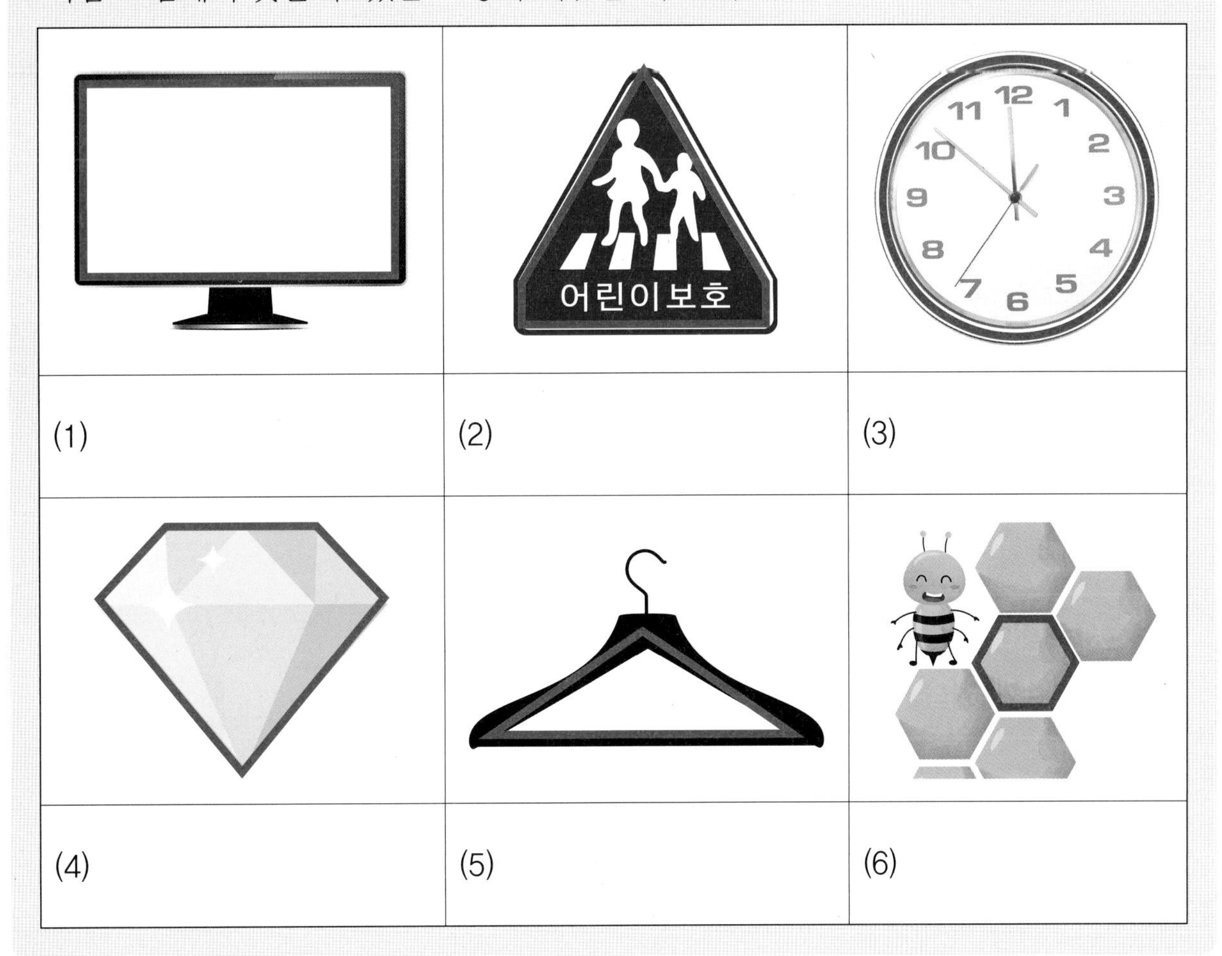

다각형의 변과 꼭짓점

도형에서 곧은 선을 '변'이라고 합니다.

도형에서 두 곧은 선이 만나는 점을 '꼭짓점'이라고 합니다.

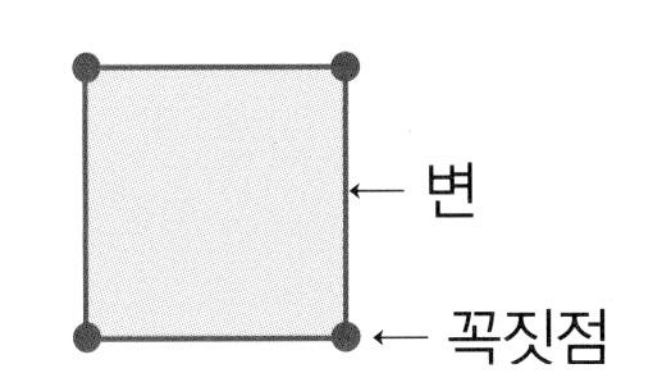

- 삼각형은 변과 꼭짓점이 3개입니다.
- 사각형은 변과 꼭짓점이 4개입니다.
- 오각형은 변과 꼭짓점이 5개입니다.
- 육각형은 변과 꼭짓점이 6개입니다.

4 단원

02 무엇을 뜻할까? 데이터와 추측

정답 및 해설 24쪽

데이터는 우리가 알고자 하는 것에 대해 설명을 해 줘요. 데이터를 보고 무엇을 가리키는 것인지 추측해 볼까요?

핵심 키워드 #데이터 #정보 #추측 #추론

STEP 1

[수학교과역량] 추론능력

다음 설명을 읽고 알맞은 원형 모양의 탁자를 찾아 선으로 바르게 연결해 보세요.

서로 만나지 않는 다리가 4개 있습니다.	•	• 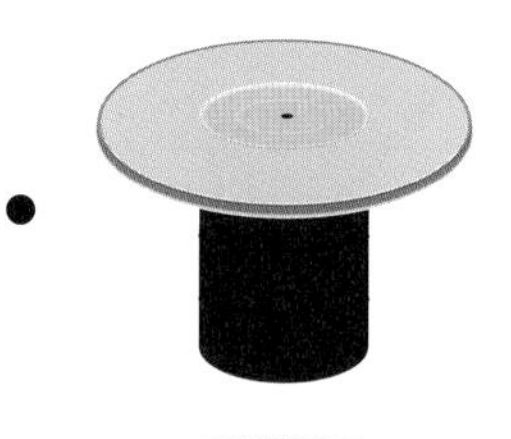
얇은 다리가 1개만 있습니다.	•	• 
다리가 서로 교차하고 있습니다.	•	• 
두꺼운 원통 모양의 다리가 있습니다.	•	• 

데이터(Data)

데이터(Data)는 의미 있는 정보를 가진 모든 것들을 의미해요. 우리 주변에 있는 숫자, 글자, 그림 모두 데이터랍니다. 우리는 수많은 데이터에 둘러쌓여 있어요.

STEP 2

[수학교과역량] 추론능력, 문제해결능력

페페는 로봇에게 쌓기나무를 쌓도록 명령을 내리고 있습니다. 명령에 따라 쌓은 쌓기나무를 선으로 바르게 연결해 보세요.

1층에 두 개의 쌓기나무를 쌓아.
그 다음 2층에 빨간 쌓기나무를 쌓고 그 위에 쌓기나무 1개를 더 쌓아. •

1층에 세 개의 쌓기나무와 한 개의 빨간 쌓기나무를 이용해 ㄱ자 모양으로 쌓아.
그 다음 빨간 쌓기나무 위에 쌓기나무 1개를 더 쌓아. •

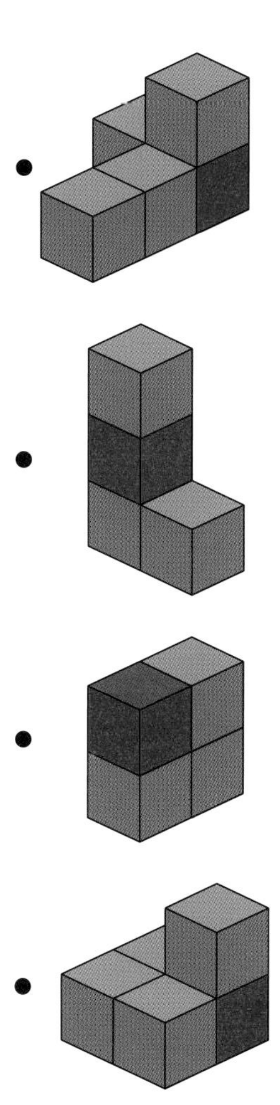

명령

컴퓨터나 로봇이 알아들을 수 있도록 일을 시키는 것을 의미합니다. 우리가 명령을 하면, 그 명령대로 컴퓨터나 로봇이 일을 합니다.

4 단원

03 자료를 정리해요

표와 그래프

≫ 정답 및 해설 25쪽

자료를 정리하면 한눈에 알아볼 수 있다는 장점이 있어요. 자료를 정리하는 방법에 대해 알아볼까요?

핵심 키워드 #자료 #데이터 #표 #그래프

STEP 1

[수학교과역량] 정보처리능력

다음은 제제네 반 학생들이 좋아하는 간식을 정리한 것입니다. 다음을 보고, 학생들이 좋아하는 간식을 표로 정리해 보세요.

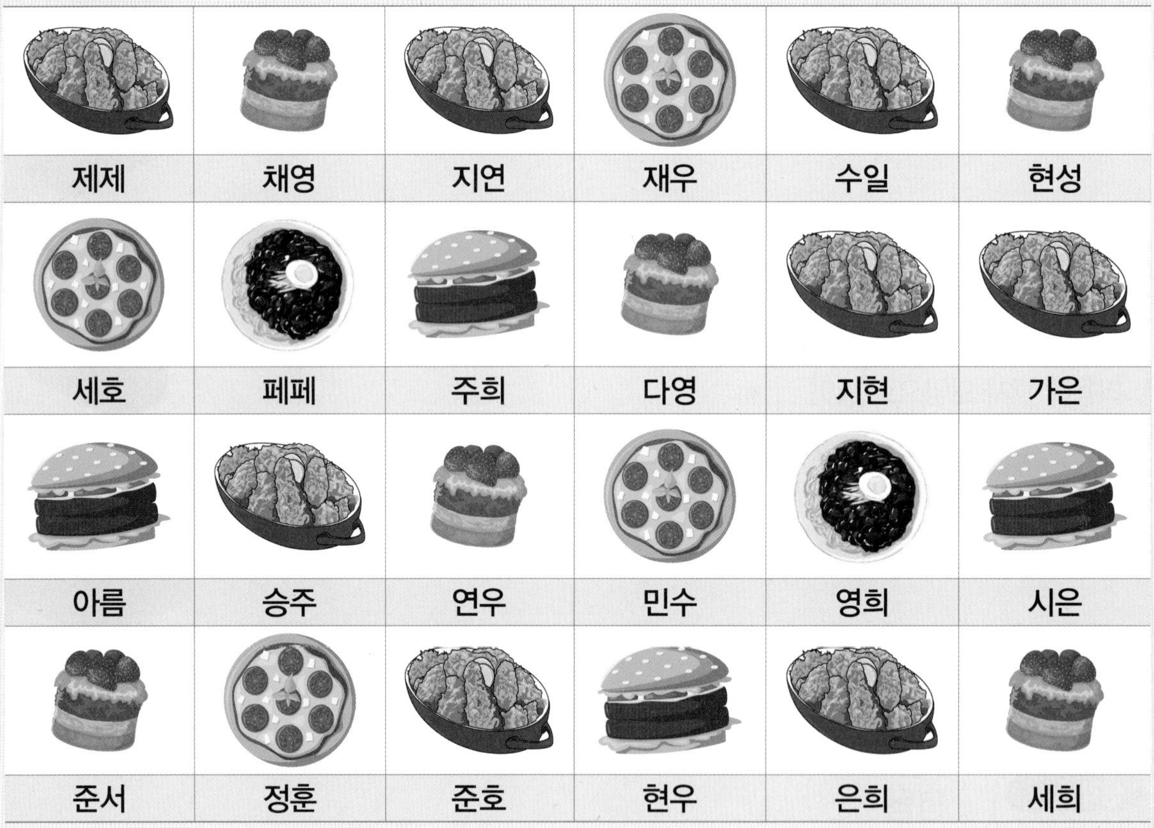

제제	채영	지연	재우	수일	현성
세호	페페	주희	다영	지현	가은
아름	승주	연우	민수	영희	시은
준서	정훈	준호	현우	은희	세희

〈제제네 반 학생들이 좋아하는 간식별 학생 수〉

간식	짜장면	피자	치킨	케이크	햄버거	합계
학생 수 (명)						

STEP 2

[수학교과역량] 정보처리능력

이번에는 조사한 자료를 그래프로 나타내려고 합니다. **STEP 1**의 결과를 바탕으로 다음 물음에 답해 보세요.

(1) ○를 이용하여 그래프로 나타내어 보세요.

〈제제네 반 학생들이 좋아하는 간식별 학생 수〉

8					
7					
6					
5					
4					
3					
2	○				
1	○				
학생 수 (명) / 간식	짜장면				

(2) 가장 많은 학생이 좋아하는 간식은 무엇인지 써 보세요.

( )

(3) 가장 적은 학생이 좋아하는 간식은 무엇인지 써 보세요.

( )

생각 쑥쑥

표와 그래프

자료를 정리하는 방법에는 표와 그래프로 나타내는 방법이 있어요. 이렇게 자료를 정리하면 주어진 자료를 한눈에 알기 쉽게 확인할 수 있다는 장점이 있습니다. 표는 조사한 자료의 전체의 수를 알 수 있다는 장점이 있고, 그래프는 가장 많은 수와 적은 수를 한눈에 볼 수 있다는 장점이 있어요.

4 단원

04 순서대로 정리해요 시간과 데이터

정답 및 해설 26쪽

우리 주변의 자료에는 시간이 담긴 데이터들이 많아요. 시간과 관련된 자료를 분석해 볼까요?

핵심 키워드 #시간 #데이터 #흐름 #분석

STEP 1 [수학교과역량] 정보처리능력, 문제해결능력

다음은 제제의 일요일 생활 계획표입니다. 계획표를 보고, 아래 표의 빈칸에 알맞은 시간을 써 보세요. 그리고 하루의 시간을 모두 더하면 총 몇 시간인지 구해 보세요.

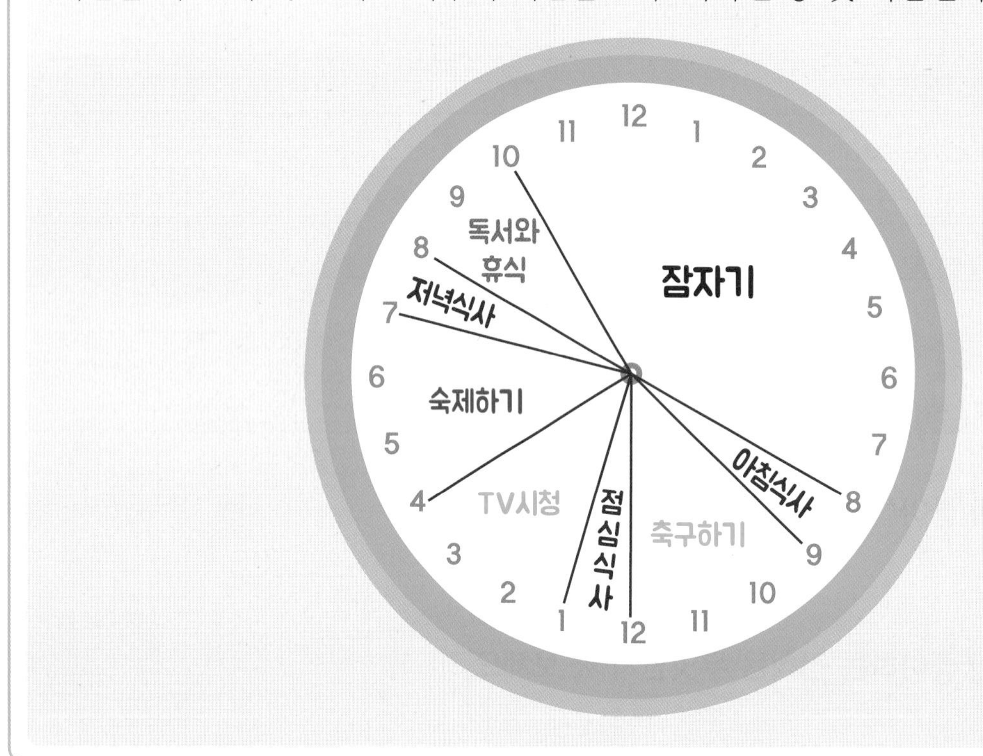

하는 일	잠자기	아침 식사	축구 하기	점심 식사	TV 시청	숙제 하기	저녁 식사	독서와 휴식
시간		1시간		1시간			1시간	

하루의 시간을 모두 더한 시간: ____________________

STEP 2

[수학교과역량] 추론능력, 문제해결능력

페페는 오늘의 날짜를 알려 주는 프로그램을 만들었습니다. 그런데 어느 날부터 갑자기 날짜가 맞지 않았어요. 그 이유를 확인해 보니, 1년 중 각 달에 있는 날의 수에서 잘못 입력된 달이 있었습니다. 다음 표에서 월별 날의 수가 잘못 입력된 곳을 찾아 바르게 고쳐 보세요. (단, 1년은 365일이고, 2월은 28일까지 있는 해만 생각합니다.)

〈페페가 입력한 월별 날의 수〉

월	1	2	3	4	5	6	7	8	9	10	11	12
날의 수 (일)	31	28	31	30	31	30	31	30	30	31	30	31

( )

며칠까지 있을까?

1년은 12개월입니다. 그리고 각 달에 있는 날의 수는 주먹을 쥐어 간단하게 알 수 있어요. 2월을 제외하고 움푹 들어간 곳은 30일, 볼록 튀어나온 곳은 31일로 하여 1월부터 주먹을 쥐어 확인할 수 있습니다.

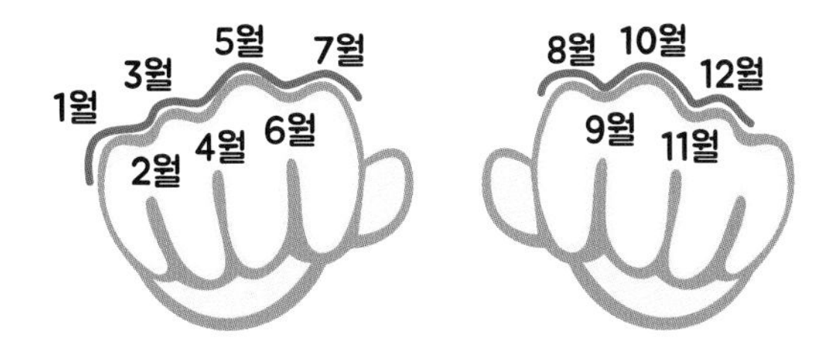

오류를 찾아라!

05 오류과 디버깅

정답 및 해설 26쪽

우리는 때때로 실수를 해요. 컴퓨터도 마찬가지예요. 컴퓨터의 실수인 오류를 찾아볼까요?

핵심 키워드 #오류 #오류 탐색 #디버깅

STEP 1

[수학교과역량] 추론능력, 문제해결능력

제제와 페페는 다음과 같은 〈규칙〉에 따라 카드놀이를 하고 있습니다. 내려 놓은 카드 묶음 중에서 잘못된 카드 묶음을 모두 찾아 ○표 하세요.

규칙

■ 카드를 내려 놓을 수 있는 규칙은 다음과 같습니다.

연속된 세 수가 있는 경우	2 3 4
같은 수이지만 서로 다른 모양이 세 가지 있는 경우	2 2 2

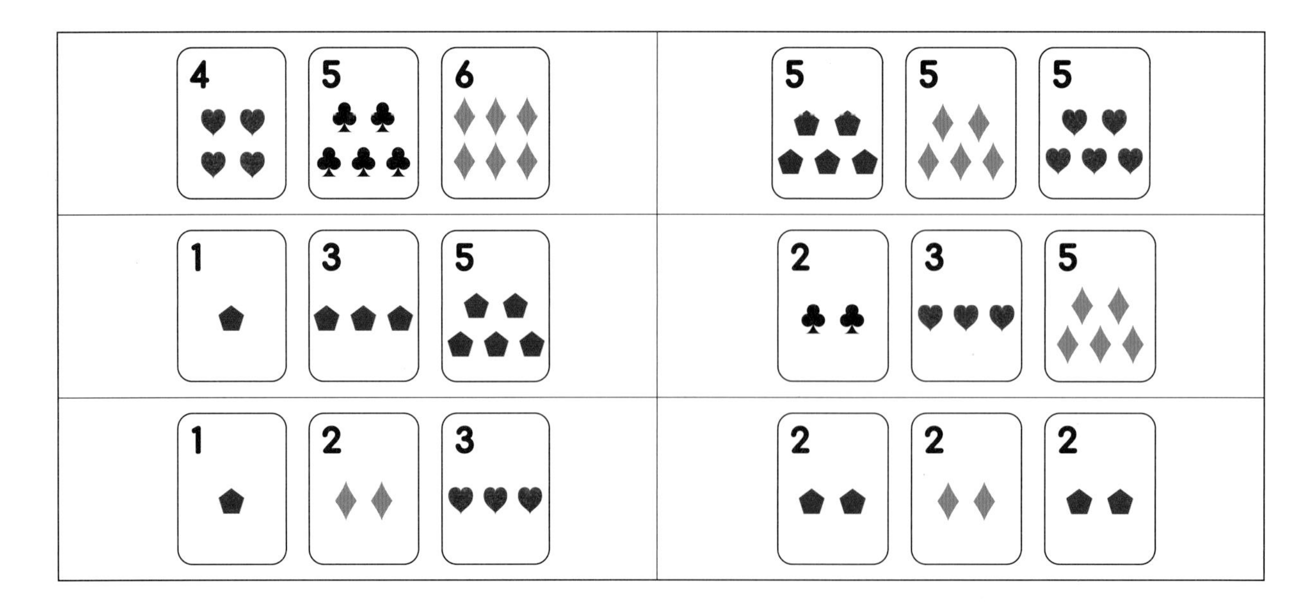

STEP 2 [수학교과역량] **추론능력, 문제해결능력, 창의·융합능력**

다음 〈규칙〉을 모두 만족하는 무늬를 찾아 보세요.

규칙
- 3가지 종류의 도형이 반복됩니다.
- 무늬를 구성하는 도형은 총 짝수개입니다.
- 초록색과 노란색이 번갈아가며 반복됩니다.

① 

② 

③ 

④ 

⑤ 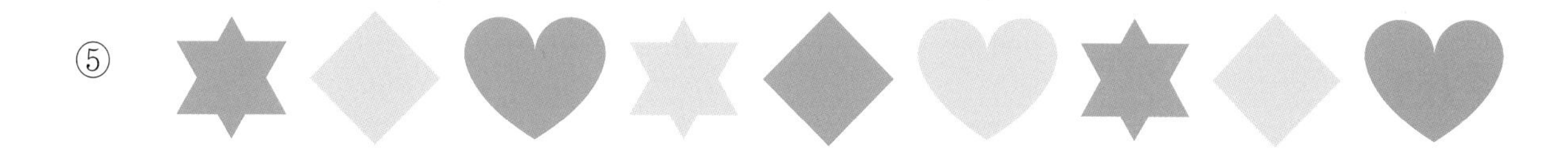

( )

생각 쏙쏙 **오류와 디버깅**

컴퓨터 프로그램 속에 있는 문제를 가리켜 오류 또는 버그(bug, 벌레)라고 합니다. 그리고 이러한 오류를 제거하는 것을 디버깅이라고 합니다.

06 게임과 데이터

게임을 기록해요

정답 및 해설 27쪽

게임을 하는 모든 과정이 곧 데이터입니다. 게임과 관련된 데이터를 정리해 보고, 분석해 볼까요?

핵심 키워드 #데이터 #게임 #분석

STEP 1

[수학교과역량] 정보처리능력, 문제해결능력

연우와 재우는 원판을 돌려서 멈추었을 때 가리키는 수만큼 점수를 얻는 게임을 했습니다. 다음은 연우와 재우가 원판을 돌렸을 때, 원판의 수가 나온 횟수를 각각 정리하여 나타낸 표입니다. 빈칸을 채우고, 연우와 재우가 얻은 총 점수는 몇 점인지 각각 구해 보세요.

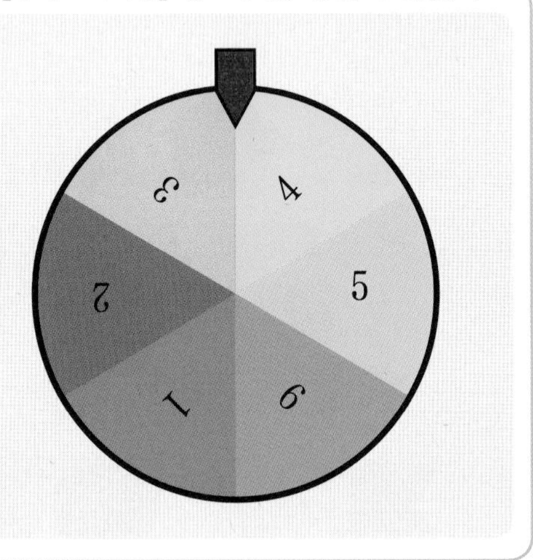

〈연우〉

원판의 수	1	2	3	4	5	6
나온 횟수 (회)	2	0	3	1	2	1
점수 (점)						

연우가 얻은 총 점수: ______________________

〈재우〉

원판의 수	1	2	3	4	5	6
나온 횟수 (회)	1	4	2	0	1	1
점수 (점)						

재우가 얻은 총 점수: ______________________

STEP 2

[수학교과역량] 정보처리능력, 문제해결능력, 창의·융합능력

연우와 재우가 주사위 굴리기 게임을 하고 있습니다. 게임의 결과가 다음 표와 같을 때, 그림에서 연우와 재우의 말*의 위치 중 잘못된 곳을 찾아 바르게 고쳐 보세요.

	1회	2회	3회	4회	5회	6회
재우	5	3	1	3	6	4
연우	6	2	4	2	5	1

*말: 게임이나 윷놀이 등을 할 때, 게임판 위에서 정해진 규칙에 따라 움직이는 것.

출발	1	2	3	4	5
17					6
16					7
15					8
14	13	12	11	10	9 처음으로

07 명령과 오류

명령에 따라 만들어요

≫ 정답 및 해설 28쪽

명령은 컴퓨터에게 어떤 일을 시키는 것이에요. 이러한 명령에 오류가 날 수도 있지요. 명령에 숨겨진 오류를 찾아볼까요?

핵심 키워드 #명령 #오류 #알고리즘 #디버깅

STEP 1

[수학교과역량] 추론능력, 문제해결능력

다음은 제제의 로봇을 움직이기 위한 명령어 규칙입니다. 로봇의 움직임을 보고 명령어의 빈칸을 채워 보세요. (단, 정사각형 모눈 한 칸은 1cm를 의미합니다.)

〈명령어 규칙〉

- 위쪽으로 3: 위쪽으로(↑) 3cm 선을 긋습니다.
- 아래쪽으로 4: 아래쪽으로(↓) 4cm 선을 긋습니다.
- 왼쪽으로 3: 왼쪽으로(←) 3cm 선을 긋습니다.
- 오른쪽으로 4: 오른쪽으로(→) 4cm 선을 긋습니다.

그림	명령어
←1cm	① 위쪽으로 5 ② 오른쪽으로 ☐ ③ ☐ ④ ☐ ⑤ ☐ ⑥ 왼쪽으로 5

명령어

컴퓨터에게 명령을 하기 위해서는 컴퓨터가 이해할 수 있는 말(언어)로 해야 해요. 우리 사람에게 익숙한 것은 사람의 말이지만, 컴퓨터에게 익숙한 것은 명령어랍니다.

STEP 2

[수학교과역량] 추론능력, 문제해결능력

이번에는 제제의 로봇에 **STEP 1**의 명령어 규칙에 또 다른 명령어 규칙을 추가했습니다. 제제가 명령어를 입력했을 때, 처음 생각했던 결과와 다르게 나왔습니다. 제제의 명령어 중 틀린 곳을 모두 찾아 바르게 수정해 보세요.

〈명령어 규칙〉

· 노란색 ★: 그 자리에 ★을 그려라.
· 파란색 ♥: 그 자리에 ♥를 그려라.
· 빨간색 ◆: 그 자리에 ◆를 그려라.

제제가 처음 생각했던 결과	명령어
	① 오른쪽으로 4 ② 초록색 ◆ ③ 오른쪽으로 1 ④ 아래쪽으로 4 ⑤ 왼쪽으로 1 ⑥ 빨간색 ♥ ⑦ 아래쪽으로 3 ⑧ 왼쪽으로 3 ⑨ 위쪽으로 3 ⑩ 왼쪽으로 2 ⑪ 위쪽으로 4

( )

4 단원

08 더해서 오류를 찾아요

오류와 체크섬

정답 및 해설 29쪽

오류를 찾는 방법 중에 덧셈을 해서 확인할 수 있는 방법이 있어요. 덧셈으로 오류를 찾는 체크섬에 대해 알아볼까요?

핵심 키워드 #데이터 #분석 #체크섬 #오류

STEP 1

[수학교과역량] 추론능력, 문제해결능력

각 줄에 있는 ♥의 개수를 세어 표로 나타냈습니다. 그러다가 실수로 한 개의 ♥를 지웠을 때, 지워진 ♥가 있던 곳은 어디일지 ○로 표시해 보세요.

♥		♥	♥		♥	♥	5
	♥	♥			♥		3
			♥		♥		2
♥	♥						3
		♥		♥	♥	♥	4
♥	♥		♥	♥			4
		♥			♥		2
3	3	4	3	2	6	2	

오류와 체크섬

체크섬은 자료를 주고 받는 과정에서 오류를 찾아내기 위해 사용하는 방법입니다. 체크섬은 자료를 모두 더한 값을 덧붙여서, 혹시 모를 오류에 대비할 수 있습니다.

STEP 2

[수학교과역량] **추론능력, 문제해결능력**

다음은 제제의 옷을 종류와 색깔별로 분류해 나타낸 표입니다. 이때, 옷을 분류한 표에서 한 개의 오류가 있습니다. 어디에 오류가 있는지 찾고, 바르게 고쳐 보세요.

(단위: 개)

	노란색	파란색	검은색	합계
티셔츠	5	2	1	10
바지	2	2	7	11
신발	1	1	3	5
모자	2	4	1	7
합계	10	11	12	33

(　　　　　　　　　　　　　　　　　　　　)

4 단원

도전! 코딩 스크래치 주니어(Scratch Jr.) 반갑게 안녕!

(출처: 스크래치 주니어(Scratch Jr.))

스크래치 주니어(Scratch Jr.)는 Tufts 대학, the MIT Media Lab, the Playful Invention Company의 협업으로 만들어진 어린이 대상 무료 블록 코딩 어플리케이션입니다.
3단원에서 우리는 스크래치 주니어를 이용해 다양한 효과를 내는 무서운 숲을 만들어 보았습니다.
4단원에서는 서로 만나서 반갑게 인사하는 장면을 만들어 보겠습니다.
스크래치의 다양한 기능을 연습해서 나만의 작품을 재미있게 만들어 봅시다.

WHAT?

➔ 초록색 깃발을 클릭하면 아이가 움직이고, 스크래치 고양이를 만났을 때 서로 반갑게 인사하는 프로젝트를 만듭니다.

HOW?

➔ 1단원 도전! 코딩에서 다운 받은 어플리케이션으로 접속을 합니다.
아직 어플리케이션을 다운 받지 않으셨나요? 아래 QR코드를 이용해서 어플리케이션을 다운 받아 보세요. (단, 호환 기종을 확인하세요.)

▲ 구글 플레이스토어

▲ 애플 앱스토어

➔ 코딩을 시작하기 전, 아래 QR코드 속 영상을 통해 방법을 익혀 볼까요?

영상을 확인했나요? 이제 직접 코딩해 보세요!

1. 집 모양 아이콘을 클릭하세요.

2. My Projects창에서 + 버튼을 눌러 새로운 프로젝트를 시작하세요.

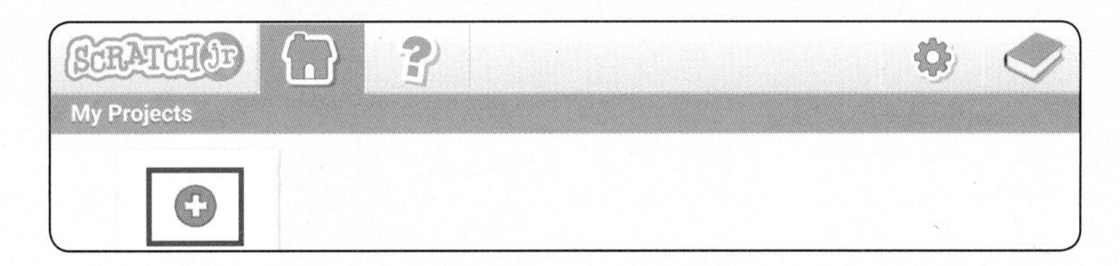

3. 왼쪽의 + 버튼을 눌러 여자 아이를 추가해 주세요.

4. 그림 모양 아이콘을 클릭하여 배경을 추가해 주세요.

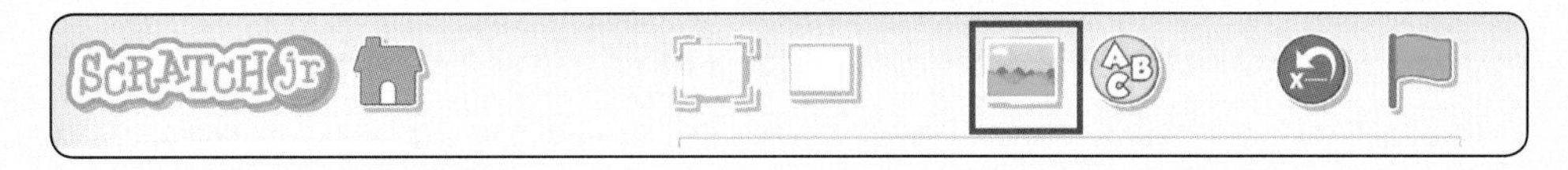

4 단원

5. 배경이 추가된 모습은 다음과 같습니다.

6. 스테이지에서 고양이와 여자 아이의 캐릭터를 꾹 누르고 끌어서 원하는 위치로 조정해 주세요.

7. 고양이 아이콘을 누르고 여자 아이를 만났을 때 반갑게 인사할 수 있도록 다음과 같이 코딩해 주세요. 그리고 말풍선의 말을 '안녕!'으로 바꾸어 주세요.

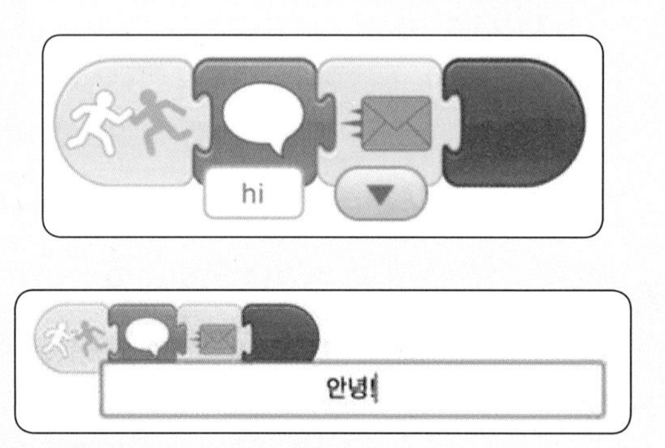

8. 여자 아이 아이콘을 누르고 앞으로 이동하기 위해 다음과 같이 코딩해 주세요. 또, 숫자를 클릭하면 반복할 수 있는 횟수를 바꿀 수 있습니다.

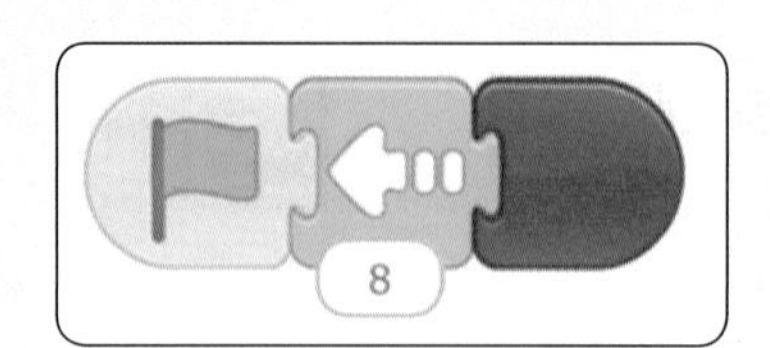

9. 다음 여자 아이 아이콘을 누르고 고양이의 인사에 반갑게 맞이할 수 있도록 다음과 같이 코딩해 주세요. 그리고 말풍선의 말을 '만나서 반가워!'로 바꾸어 주세요.

10. 마지막으로 스테이지에서 초록색 깃발 을 눌러 여러분이 블록을 제대로 배열하여 코딩했는지 확인해 보세요.

tip 나만의 아이콘으로 재미있는 대화를 주고받는 장면을 만들어 보세요.

tip 이야기를 더 재미있게 만들고 싶나요? 장면을 추가해서 이야기를 추가해 보세요. 음성 효과와 캐릭터 이동 및 크기 변경 효과를 찾아서 추가해 보세요.

DO IT!

➔ 스크래치 주니어(Scratch Jr.) 어플리케이션을 설치하고 접속하여 직접 코딩을 즐겨 보세요! 코딩 후엔 꼭 실행해 보세요.

정리 시간

≫ 정답 및 해설 30쪽

〈4단원-나는야 데이터 탐정〉을 학습하며 배운 개념들을 정리해 보는 시간입니다.

1 다음 설명에 맞는 단어의 초성을 보고 단어를 완성해 보세요. (단, 완성된 단어는 4단원에 배운 단어입니다.)

단어			설명
ㄷ	ㅇ	ㅌ	의미 있는 정보를 가진 모든 것
ㅁ	ㄹ		컴퓨터가 알아들을 수 있도록 컴퓨터에게 일을 시키는 것
ㄱ	ㄹ	ㅍ	주어진 자료를 한눈에 알기 쉽게 확인할 수 있도록 정리하는 방법
ㅇ	ㄹ		컴퓨터 프로그램 속에 있는 문제

2 나의 성장기록을 정리해 보세요.
(부모님께 나의 키와 몸무게의 변화를 여쭤 보세요.)

	키 (cm)	몸무게 (kg)
태어났을 때		
5살 때		
7살 때		
1학년 때		
2학년 때		

쉬는 시간 언플러그드 코딩놀이 **펌프 게임을 해요!**

정답 및 해설 30쪽

인원	1인	소요시간	10분
방법			

❶ 4절 도화지를 대각선으로 접습니다.

❷ 네 개의 꼭짓점에 각각 빨간색, 노란색, 파란색, 초록색 색종이를 붙입니다.

❸ 4절 도화지의 한 가운데 점(대각선이 만나는 점)에는 검은색 색종이를 붙입니다.

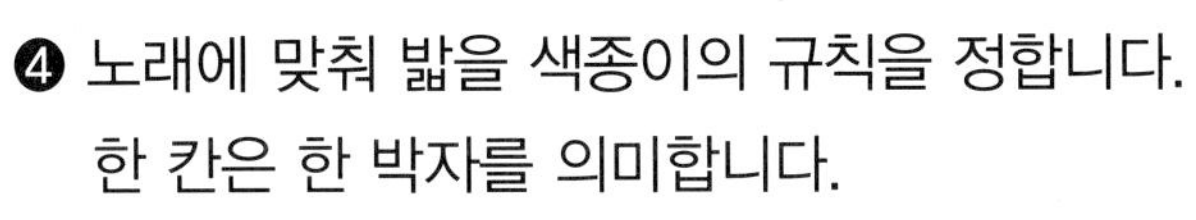

❹ 노래에 맞춰 밟을 색종이의 규칙을 정합니다.
한 칸은 한 박자를 의미합니다.

예 동요 '나비야'

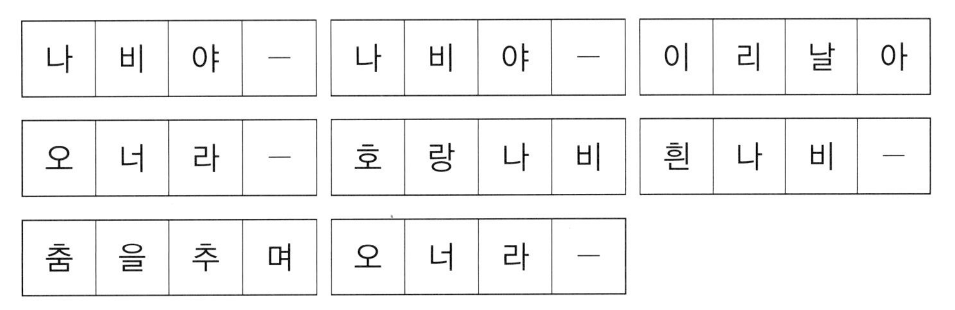

나	비	야	—	나	비	야	—	이	리	날	아
오	너	라	—	호	랑	나	비	흰	나	비	—
춤	을	추	며	오	너	라	—				

❺ 노래에 맞추어 만든 규칙대로 펌프를 밟아 봅니다.

Play 펌프 게임을 해요!

〈규칙 세우기〉

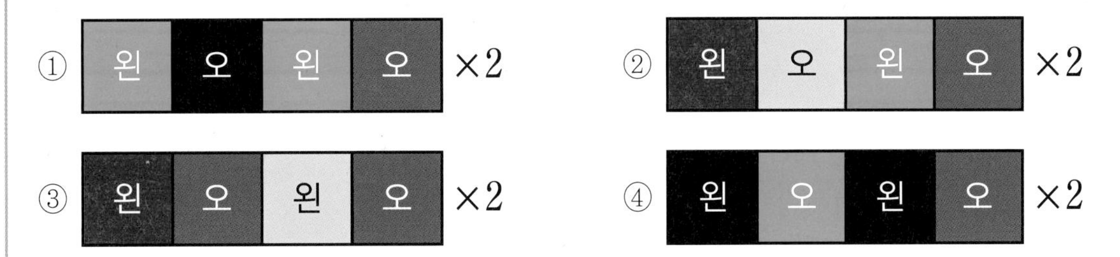

♬♪ 나비야 노래에 맞추어 위 규칙대로 펌프를 밟아 봅시다.

Q 나만의 규칙을 세우고, 원하는 노래에 맞추어 펌프 게임을 해 보세요.

한 발자국 더 보이지 않는 저장공간 데이터 클라우드

5

네트워크를 지켜줘

학습내용	공부한 날	개념 이해	문제 이해	복습한 날
1. 네트워크와 인터넷	월 일			월 일
2. 네트워크와 브라우저	월 일			월 일
3. 네트워크와 기계	월 일			월 일
4. 네트워크와 와이파이	월 일			월 일
5. 바이러스와 백신	월 일			월 일
6. 네트워크와 보안	월 일			월 일
7. 네트워크와 암호 1	월 일			월 일
8. 네트워크와 암호 2	월 일			월 일

01 네트워크 세상

네트워크와 인터넷

≫ 정답 및 해설 31쪽

정확하게 문제를 해결하기 위해서는 문제 상황 속에서 정확한 규칙을 발견해야 해요. 우리 주위의 물건들 사이에서 규칙을 찾아볼까요?

핵심 키워드 #네트워크 #인터넷

STEP 1

[수학교과역량] 문제해결능력

친구들이 각자 집에서 인터넷 메신저*를 통해 이야기를 나누고 있습니다. 네트워크에 적힌 수의 차이가 14인 친구들끼리 이야기를 나누고 있어요. 이야기를 나누고 있는 친구들을 서로 짝지어 보세요.

*메신저: 인터넷에서 실시간으로 대화를 나눌 수 있게 해 주는 도구.

네트워크 12	네트워크 34	네트워크 50	네트워크 25
연우	라율	제제	도현
어제 저녁 7시에 하는 드라마 봤어?	네가 추천해 준 동화책 봤는데 재밌더라.	우리 집 강아지 사진이야.	간식 먹을 시간인데, 뭐 먹을까?

네트워크 39	네트워크 64	네트워크 26	네트워크 48
재우	페페	태성	성민
피자 어때?	정말 귀엽다!	엄마가 보시 길래 같이 봤어.	그거 재밌지? 내가 또 추천해 줄게.

연우 — ☐, 라율 — ☐

기훈 — ☐, 도현 — ☐

STEP 2

[수학교과역량] 문제해결능력

우리는 인터넷을 이용해 지구 반대편의 사람들과도 이야기를 나눌 수 있어요. 제제네 반 친구들이 다른 나라의 친구들과 인터넷 메신저로 이야기를 나누고 있습니다. 지구 반대편에 있는 친구는 각각 누구인지 선을 따라 그어서 찾아 보세요.

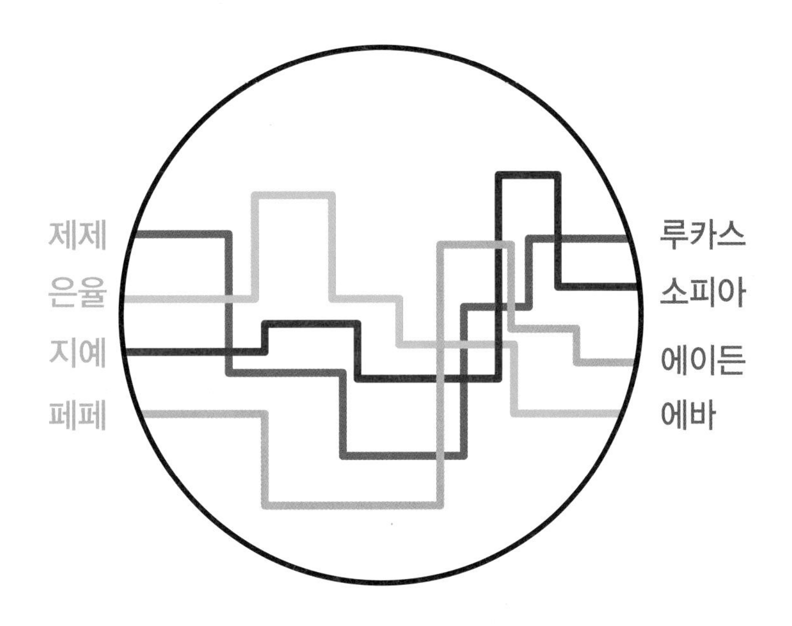

제제 ―[　　　　　　], 은율 ―[　　　　　　]

지예 ―[　　　　　　], 페페 ―[　　　　　　]

5 단원

생각 쏙쏙

네트워크(Network)와 인터넷(Internet)

네트워크(Network)란 여러 대의 컴퓨터가 연결되어 있는 구조를 말해요. 인터넷(Internet)이란 전 세계 사람들이 동시에 연결되어 있는 네트워크예요. 인터넷을 사용하면 멀리 떨어진 사람들과도 소식을 쉽고 빠르게 주고받을 수 있어요. 또, 여러 가지 정보를 수집하기도 편리해요. 인터넷을 사용하면 다른 지역이나 나라에서 물건을 주문할 수도 있어요. 참 편리하죠?

네트워크 세상

02 네트워크와 브라우저

≫ 정답 및 해설 31쪽

궁금한 내용이 생기면 어른들께 여쭤 보거나 책을 살펴보면 됩니다. 하지만 어른들도 모르는 내용이라면 어떻게 해야 할까요? 인터넷을 이용해 우리가 모르는 내용을 찾는 방법에 대해 알아볼까요?

핵심 키워드 #네트워크 #브라우저

STEP 1

[수학교과역량] 정보처리능력, 문제해결능력

제제는 두 자리 수의 덧셈 방법을 인터넷에서 검색*하고 싶습니다. 다음에서 제제가 해야 할 일을 순서대로 기호로 나열해 보세요.

㉠ 돋보기 모양의 아이콘을 누른다.
㉡ 브라우저를 켜고 검색 사이트에 들어간다.
㉢ 검색창에 '두 자리 수의 덧셈 방법'을 적는다.
㉣ 검색창을 눌러 한글을 적을 수 있는 상태로 만든다.

*검색: 컴퓨터에서 필요한 자료를 찾는 일.

(→ → →)

브라우저(browser)

브라우즈(browse)는 '둘러보다'라는 뜻을 가지고 있습니다. 즉, 브라우저(browser)는 인터넷 세상 속 자료들을 손쉽게 찾을 수 있게 도와주는 프로그램입니다. 우리가 많이 쓰는 브라우저에는 구글 크롬, 사파리, 마이크로소프트 엣지, 파이어폭스, 네이버 웨일 등이 있어요.

STEP 2

[수학교과역량] 문제해결능력, 창의·융합능력

쿠키 만드는 방법을 알고 싶은 제제는 휴대폰으로 검색 사이트에 접속했습니다. 이때 검색창에 입력할 검색어*와 그것을 검색한 결과를 선으로 바르게 연결해 보세요.

*검색어: 찾아야 하는 말.

쿠키 20개를 만드는 데 필요한 설탕의 양	오븐에 굽는 온도와 시간	냉장고에 반죽을 보관하는 시간
•	•	•
•	•	•
냉장실에 1시간 20분 보관하세요.	한 번에 10g씩 20번 넣어 주세요.	170℃에서 15분 동안 구워 주세요.

5 단원

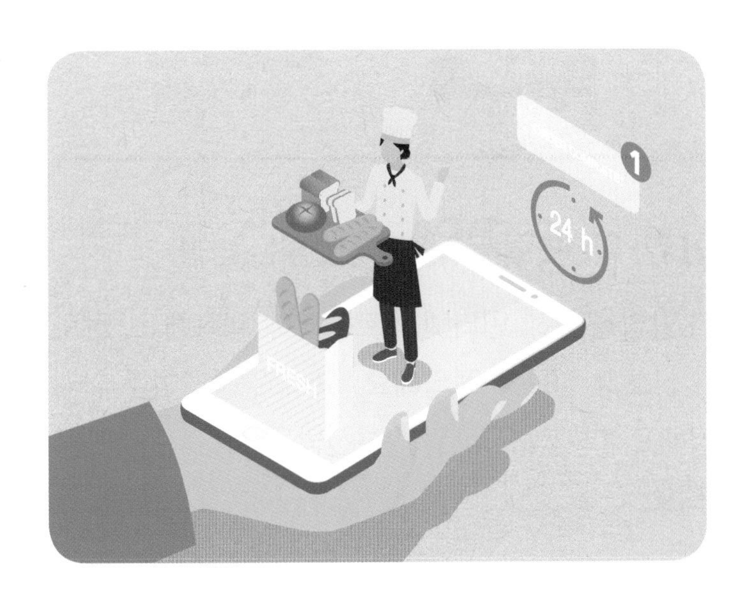

03 네트워크 세상

네트워크와 기계

≫ 정답 및 해설 32쪽

컴퓨터와 휴대폰을 이용해 인터넷 네트워크에 접속하는 데에는 여러 가지 방법이 있어요. 케이블을 사용해서 컴퓨터를 연결해 볼까요?

핵심 키워드 #네트워크 #접속

STEP 1

[수학교과역량] 문제해결능력

컴퓨터를 인터넷 네트워크에 연결하기 위해서는 케이블이 필요합니다. 계산 결과가 같은 컴퓨터와 케이블*을 선으로 바르게 연결해 보세요.

*케이블: 전기 신호를 다른 기계로 보내주는 줄.

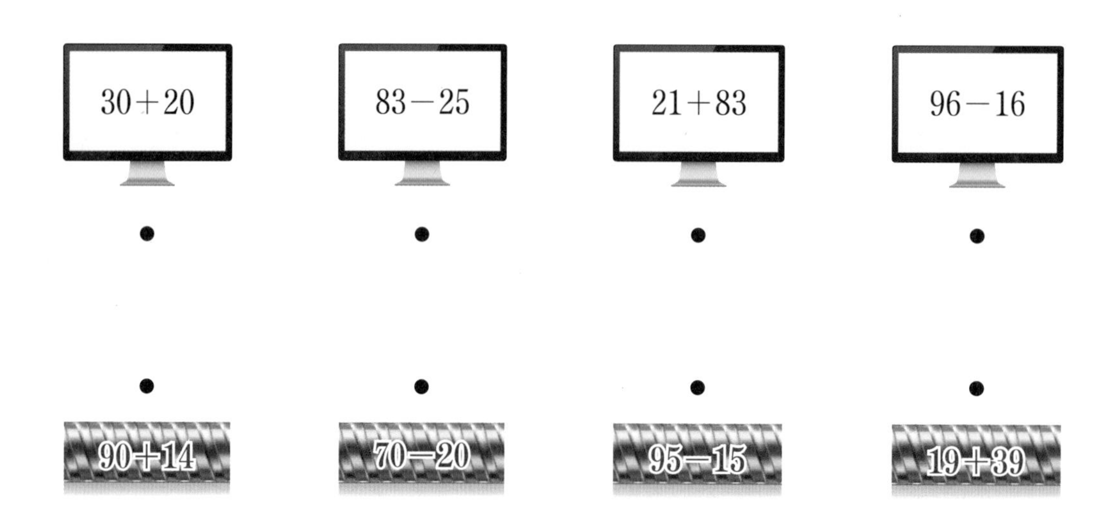

컴퓨터가 인터넷 네트워크에 접속하는 방법

컴퓨터는 크게 3가지 방법을 통해 인터넷 네트워크에 접속해요. 먼저, 전화선을 사용하는 방법이 있어요. 전기 신호가 정보를 전달해요. 그리고 광케이블을 사용하는 방법이 있어요. 빛이 정보를 전달해요. 마지막으로 무선 통신망을 사용하는 방법이 있어요. 전파를 사용해서 정보를 전달해요.

STEP 2

[수학교과역량] 문제해결능력

하나의 케이블에 연결할 수 있는 컴퓨터의 수는 정해져 있습니다. 케이블이 굵어질수록 연결할 수 있는 컴퓨터의 수도 많아지는데, 최대 연결 대수보다 많이 연결하게 되면 인터넷 네트워크 연결은 끊긴다고 합니다.

예를 들어, 케이블 [ ]은 컴퓨터를 1대, [ ]은 컴퓨터를 2대, [ ]은 컴퓨터를 3대까지 연결할 수 있습니다.

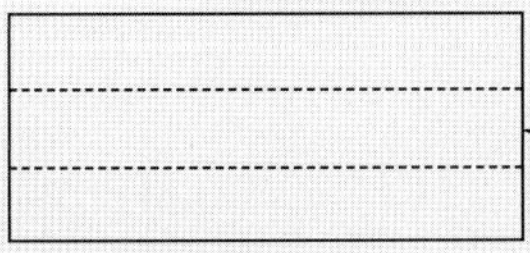

다음 케이블의 굵기를 보고, 최대로 연결할 수 있는 컴퓨터의 수를 적어 보세요.

(1) 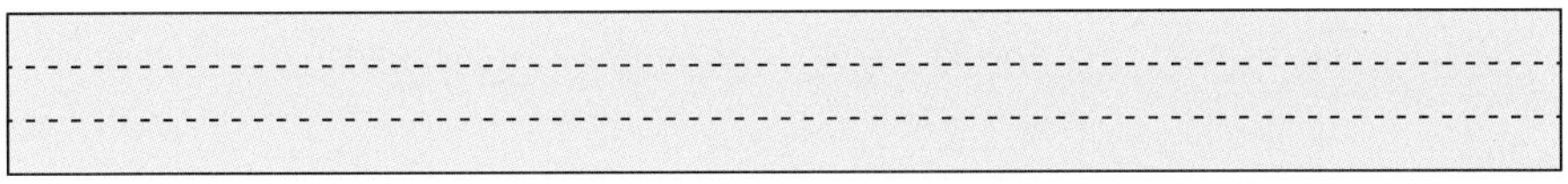 (　　　　)대

(2) 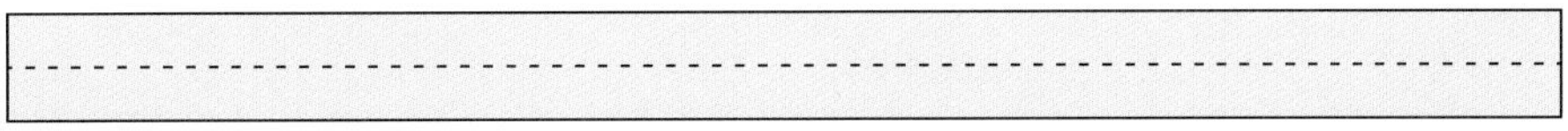 (　　　　)대

(3) 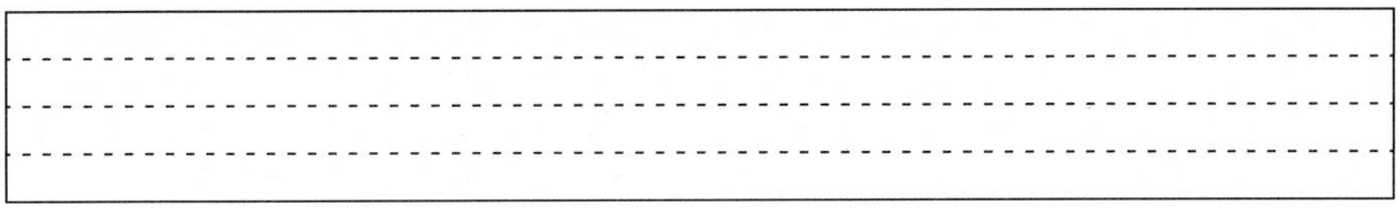 (　　　　)대

(4)  (　　　　)대

(5)  (　　　　)대

5 단원

04 네트워크 세상

네트워크와 와이파이(WiFi)

≫ 정답 및 해설 33쪽

케이블에 연결하지 않더라도 인터넷 네트워크에 접속할 수 있는 방법인 와이파이 기술이 있어요. 와이파이 기술에 대해 알아볼까요?

핵심 키워드 #네트워크 #무선연결 #와이파이(WiFi)

STEP 1

[수학교과역량] 추론능력

페페는 케이블에 연결하지 않고 노트북을 인터넷 네트워크에 연결하고 싶습니다. 그래서 케이블을 사용하지 않고도 연결이 가능한 와이파이(WiFi) 장치를 샀는데, 노트북이 와이파이 장치에서 멀어질수록 인터넷 신호는 약해집니다. 와이파이의 연결 세기에 따라 다음과 같이 색칠한다고 할 때, 아래 표를 알맞게 색칠해 보세요.

: 파란색, : 초록색, : 노란색, : 주황색, : 분홍색

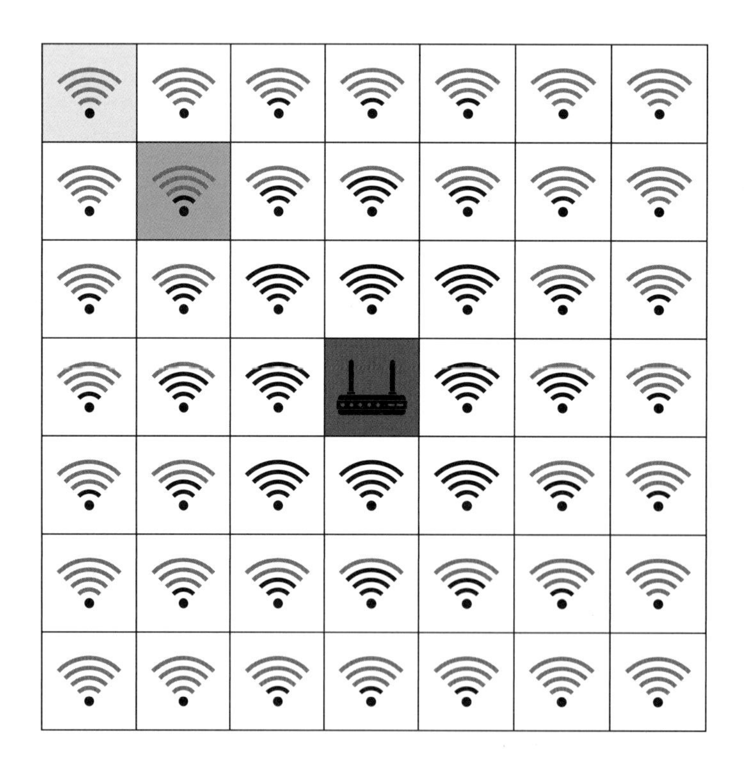

와이파이(WiFi)

와이파이(WiFi)는 선이 없이 인터넷 네트워크에 연결시켜 주는 기술을 말해요. 인터넷 네트워크에 연결시켜 주는 접속 장치인 라우터에 달려있는 안테나를 통해 전파가 나와요. 이 전파에 컴퓨터, 노트북, 휴대폰이 접속해서 인터넷 네트워크에 연결되는 거예요. 라우터에서 멀어질수록 와이파이의 연결 세기도 약해져요.

STEP 2 [수학교과역량] 추론능력

페페가 미국에 사는 사촌형과 휴대폰 메신저를 통해 연락하고 있어요. 다음은 와이파이의 연결 세기에 따라 할 수 있는 일을 정리한 표입니다.

연결 세기	할 수 있는 일
	모든 작업이 가능함
	동영상을 보낼 수는 없지만, 이외의 모든 작업이 가능함
	동영상과 사진을 보낼 수는 없지만, 이외의 모든 작업이 가능함
	동영상과 사진, 이모티콘을 보낼 수는 없지만 이외의 모든 작업이 가능함
	글자를 보내는 것만 가능함

와이파이의 연결 세기가 일 때, 다음에서 페페가 할 수 있는 일은 무엇일까요? 모두 골라 보세요.

① 엄마와 생일날 찍은 사진 보내기
② 실로폰을 연주하고 있는 동영상 보내기
③ 문자로 사촌형이 좋아하는 간식이 무엇인지 물어보기
④ 사촌형이 보낸 메시지에 답장으로 웃는 이모티콘 보내기

( )

5 단원

05 네트워크 지킴이

바이러스와 백신

≫ 정답 및 해설 34쪽

우리는 컴퓨터와 네트워크를 병들게 하는 바이러스들을 조심해야 해요. 컴퓨터와 네트워크를 안전하게 지켜 주는 방법에 대해 알아볼까요?

핵심 키워드 #네트워크 #컴퓨터 #보안 #바이러스 #백신

STEP 1

[수학교과역량] 창의·융합능력

제제의 컴퓨터는 수를 멋대로 바꾸는 컴퓨터 바이러스에 감염*되었습니다. 이 컴퓨터 바이러스는 수를 88에서 원래의 수를 뺀 결과의 수로 바꿔요. 예를 들어, 원래의 수 7이 감염되면 81로 바뀌어요. $88-7=81$이기 때문이에요.

제제는 이 컴퓨터 바이러스를 치료할 수 있는 컴퓨터 백신을 발견했어요. 화면 속에는 컴퓨터 바이러스에 감염된 수들이 적혀 있습니다. 컴퓨터 백신을 사용해서 감염된 수들을 원래 상태로 되돌려 보세요.

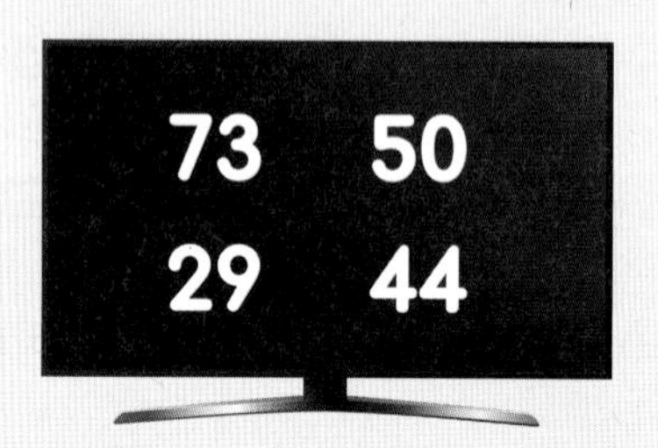

*감염: 컴퓨터 바이러스가 컴퓨터의 하드 디스크나 파일 등에 들어오는 일.

(73 ➡ , 50 ➡ , 29 ➡ , 44 ➡)

컴퓨터 백신(computer vaccine)과 컴퓨터 바이러스(computer virus)

독감에 걸리지 않기 위해 독감 백신 주사를 맞은 경험이 있나요? 바이러스는 몸에 들어와 사람을 아프게 병을 일으켜요. 그리고 이런 바이러스로 인해 생기는 병을 예방할 수 있게 도와주는 것이 백신이에요. 컴퓨터도 똑같아요. 컴퓨터를 아프게 하는 것을 컴퓨터 바이러스라고 해요. 그리고 이 컴퓨터 바이러스를 컴퓨터 백신이 찾아서 없애요.

STEP 2

[수학교과역량] 문제해결능력

컴퓨터 바이러스와 그 바이러스를 예방하기 위한 방법을 선으로 바르게 연결해 보세요.

바이러스			예방 방법
보안 경고가 뜨는 사이트*에 숨어 있는 바이러스	•	•	정식* 음원* 사이트에서 음악 듣기
정식 프로그램 설치 파일을 흉내낸 가짜 프로그램 설치 파일에 숨어 있는 바이러스	•	•	백신 프로그램을 자주 업데이트하기
작년에 새로 생겼으나 치료 방법이 알려진 바이러스	•	•	보안 상태가 좋은 사이트만 접속하기
정체 모를 인터넷 친구가 보내 준 음악 파일 속에 숨어 있는 바이러스	•	•	정식 사이트에서 정식 프로그램 설치 파일을 내려 받기

*사이트: 인터넷에서 정보가 필요할 때 들어가서 정보를 확인하는 장소.
*정식: 올바른 상태.
*음원: 소리가 나는 데이터 파일.

생각 쑥쑥 보안

보안이란 위협적인 공격으로부터 컴퓨터 시스템이나 데이터를 안전하게 지키는 것을 말해요. 컴퓨터 및 네트워크 보안의 중요성은 점점 커지고 습니다. 그래서 보안을 전문적으로 연구하는 사람들도 많아요.

06 네트워크 지킴이

네트워크와 보안

≫ 정답 및 해설 35쪽

컴퓨터 전문가들만큼 우리 스스로도 보안에 신경 써야 해요. 나의 컴퓨터와 네트워크의 보안을 지킬 수 있는 방법을 알아볼까요?

핵심 키워드 #네트워크 #보안 #아이디(ID) #비밀번호(password)

STEP 1

[수학교과역량] 추론능력, 창의·융합능력

제제는 인터넷에서 사용할 아이디와 비밀번호를 만들고 싶습니다. 다음의 〈규칙〉을 이용해 제제가 사용할 수 있는 아이디와 비밀번호를 만들어 보세요.

규칙

1. 아이디에는 내가 좋아하는 과일과 수를 함께 적어 줘.
2. 비밀번호에는 내가 좋아하는 색깔과 수를 함께 적어 줘.
3. 아이디와 비밀번호의 과일과 색깔은 모두 한글로 적어야 해.
4. 아이디와 비밀번호에 적힌 모든 수의 합은 50보다 작아야 해.

예시

아이디: 포도12, 비밀번호: 초록33

〈규칙 1〉에 따라 아이디에 과일과 수를 함께 사용했어요.
〈규칙 2〉에 따라 비밀번호에 색깔과 수를 함께 사용했어요.
〈규칙 3〉에 따라 아이디와 비밀번호에 포함된 과일은 포도, 색깔은 초록으로 모두 한글로 적었어요.
〈규칙 4〉에 따라 아이디와 비밀번호에 적힌 모든 수의 합은 $12+33=45$예요.
따라서 규칙을 모두 만족하는 아이디와 비밀번호입니다.

아이디: (   )

비밀번호: (   )

제제: 아이디(ID)가 뭐야?
ㄴ 페페: 인터넷에서 내가 사용하는 이름이야.
제제: 비밀번호(password)가 뭐야?
ㄴ 페페: 아이디의 주인이 진짜인지 아닌지 확인하는 문자야.

STEP 2

[수학교과역량] 문제해결능력

개인 정보 보호를 위해 아이디와 비밀번호는 반드시 안전하게 사용해야 합니다. 다음의 〈힌트〉를 참고해서 아이디와 비밀번호를 안전하게 사용할 수 있는 방법을 생각해 보고, 4가지를 써 보세요.

힌트

1. 잊어버리지 않도록 알림장 맨 앞에 내 아이디와 비밀번호를 크게 적어 두자.
2. 비밀번호에 우리 가족 모두가 아는 내 생일을 잔뜩 넣어 볼까?
3. 사용한 지 2년 된 비밀번호지만 잊어버릴 것 같으니 올해도 그냥 쓰자.
4. 친구 은지가 내 아이디랑 비밀번호를 알려 달라고 하네? 친한 친구니까 그냥 알려 줄까?

개인 정보 보호

개인 정보란 나에 관한 모든 정보예요. 다른 사람이 나를 알아볼 수 있게 하는 정보라면 모두 개인 정보가 될 수 있어요. 아이디(ID)와 비밀번호(password)도 개인 정보라는 것 알고 있나요? 개인 정보를 지키는 방법을 QR코드 속 영상을 보며 더 자세히 알아봐요.

▲ 개인 정보 보호 교육
(출처: KISA118)

07 네트워크 지킴이

네트워크와 암호 1

≫ 정답 및 해설 36쪽

보물이 담긴 상자가 자물쇠로 잠겨 있어요. 자물쇠가 보물을 지켜 주고 있네요. 자물쇠처럼 네트워크를 지켜 주는 암호들을 탐구해 볼까요?

핵심 키워드 #네트워크 #암호

STEP 1

[수학교과역량] 추론능력, 창의·융합능력

페페와 제제는 암호가 적힌 쪽지를 주고 받고 있습니다.

수	코	학	딩	쉬	좋	워	아

위의 쪽지에 적힌 암호를 풀면 '수학쉬워 코딩좋아'입니다.

그렇다면 페페가 보낸 아래의 쪽지에 적힌 내용은 무엇일까요? 암호를 풀어 보세요.

하	제	소	늘	제	풍	이	야	갈	푸	우	래	르	리	?	다

(　　　　　　　　　　　　　　　　　　　　　　　　　　)

어렵니? 색으로 구분해 봐!

암호

암호란 다른 사람이 알아볼 수 없도록 내용을 변형시킨 것입니다. 내용을 적은 사람과 그것을 읽기로 약속된 사람만이 암호를 바르게 풀고 내용을 제대로 읽을 수 있어요.

STEP 2 [수학교과역량] 추론능력, 문제해결능력

제제는 보물이 가득 들어 있는 상자를 발견했습니다. 상자를 열 수 있는 비밀번호는 4개의 수로 이루어져 있어요.

규칙

[비밀번호 찾기 규칙]

힌트와 수로 가득 찬 표가 적힌 종이가 보물 상자에 붙어 있을 거야. 만약, 힌트로 '곱셈구구 4단'이라고 적혀 있을 때, 표의 수 중에서 곱셈구구 4단의 결과로 나오는 수를 크기가 작은 것부터 순서대로 나열하면 돼. 따라서 이 보물 상자의 비밀번호는 4, 8, 12, 16이야.

4	5	81	63
9	8	15	16
6	27	14	49
25	12	30	54

〈힌트: 곱셈구구 4단〉

위의 〈규칙〉을 이용해 다음의 보물 상자를 열 수 있는 비밀번호를 찾으려고 합니다. 비밀번호인 4개의 수를 크기가 작은 것부터 순서대로 나열해 보세요.

81	21	54	6
14	1	5	24
32	20	49	64
16	63	18	36

〈힌트: 곱셈구구 7단〉

(   )

08 네트워크 지킴이

네트워크와 암호 2

≫ 정답 및 해설 37쪽

암호를 사용해 내용을 보호하는 방법은 여러 가지가 있어요. 더 다양한 암호를 풀어 볼까요?

핵심 키워드 #네트워크 #암호

STEP 1

[수학교과역량] 추론능력

페페와 제제는 다음과 같은 〈규칙〉을 이용하여 그림으로 숫자를 대신해 나타내기로 했습니다.

규칙

0	1	2	3	4	5	6	7	8	9
옥수수	당근	포도	바나나	버섯	사과	수박	호박	체리	감자

예를 들어, "연우는  살이야."는 "연우는 8살이야."와 같은 뜻입니다.

제제의 편지 속에 포함된 수들을 모두 더한 값을 구해 보세요.

내 친구 페페에게

페페야 안녕, 나 제제야. 어제 내가 너한테 지우개  개를 빌렸잖아?

그런데 실수로 내가 그 지우개를 잃어버렸어. 그래서 지금 나는 지우개가  개 있어.

그렇지만 걱정마. 엄마가 오늘 지우개  개를 사 주신대. 너한테 지우개 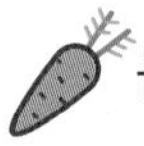 를 돌려 주고 나면 나한테는  개의 지우개가 남겠다. 다행이야.

내일 학교에서  교시에 돌려 줄게. 내일 보자.

제제가

( )

STEP 2

[수학교과역량] 추론능력, 문제해결능력, 창의·융합능력

이번에는 페페와 제제가 규칙을 좀 더 복잡하게 만들기로 했어요. 다음과 같은 〈규칙〉으로 두 자리 수를 그림으로 나타내기로 했습니다.

규칙

0	1	2	3	4	5	6	7	8	9
옥수수	당근	포도	바나나	버섯	사과	수박	호박	체리	감자

그림을 두 번 연속해서 사용하여 두 자리 수를 나타냅니다.

예를 들어, 는 9이지만 는 99입니다.

또, 는 3, 은 6이지만 은 36입니다.

위의 〈규칙〉을 이용하여 다음의 수를 모두 더한 값을 구해 보세요. (단, 수는 ','로 구분합니다.)

( )

내 몸이 비밀번호가 될 수 있다?!

지문*만 대면 휴대폰 잠금 화면이 풀리는 것은 이제 우리에게 아주 익숙합니다. 지문뿐만 아니라 홍채*, 얼굴, 혈관, 목소리 등 우리 몸의 다양한 부분들이 비밀번호를 대신하기도 해요. 이런 기술을 생체 인식 기술이라고 해요. 내 몸의 정보도 조심히 지켜야 겠어요!

*지문: 손가락 끝마디에 있는 무늬.
*홍채: 빛의 양을 조절하는 눈의 한 부분.

도전! 코딩

스크래치 주니어(Scratch Jr.) 컴퓨터 백신과 바이러스 이야기

(출처: 스크래치 주니어(Scratch Jr.))

스크래치 주니어(Scratch Jr.)는 Tufts 대학, the MIT Media Lab, the Playful Invention Company의 협업으로 만들어진 어린이 대상 무료 블록 코딩 어플리케이션입니다.
4단원에서는 서로 만나서 반갑게 인사하는 장면을 만들어 보았습니다.
마지막으로 5단원에서는 컴퓨터 백신과 바이러스 이야기를 만들어 보겠습니다.
스크래치 주니어의 다양한 기능을 연습해서 나만의 작품을 재미있게 만들어 봅시다.

WHAT?

➔ 컴퓨터 바이러스를 컴퓨터 백신이 무찌르는 이야기를 만들어 봅시다.

HOW?

➔ 1단원 도전! 코딩에서 다운 받은 어플리케이션으로 접속을 합니다.
아직 어플리케이션을 다운 받지 않으셨나요? 아래 QR코드를 이용해서 어플리케이션을 다운 받아 보세요. (단, 호환 기종을 확인하세요.)

▲ 구글 플레이스토어

▲ 애플 앱스토어

➔ 코딩을 시작하기 전, 아래 QR코드 속 영상을 통해 방법을 익혀 볼까요?

영상을 확인했나요? 이제 직접 코딩해 보세요!

1. 집 모양 아이콘을 클릭하세요.

2. My Projects창에서 + 버튼을 눌러 새로운 프로젝트를 시작하세요.

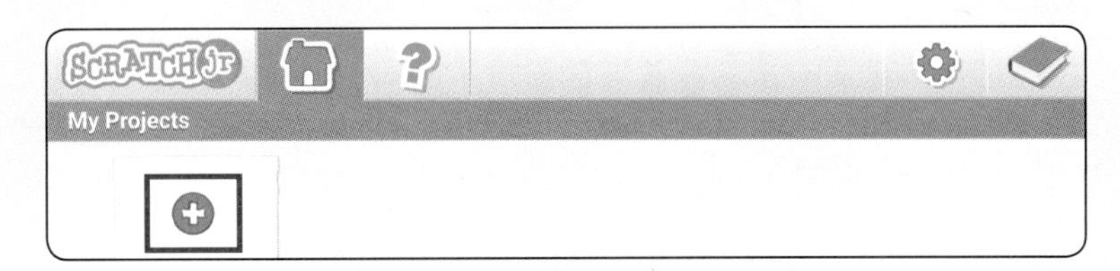

3. 왼쪽의 캐릭터 탭에서 + 버튼을 눌러 새로운 캐릭터를 추가해 주세요.

4. 캐릭터 추가 창에서 오른쪽 위의 붓 모양 아이콘을 눌러주세요.

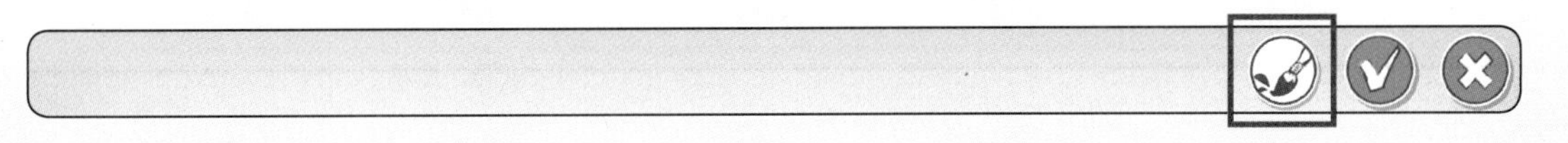

5
단원

5. 그림판에서 다양한 도구를 사용하여 나만의 컴퓨터 바이러스 캐릭터를 그려 주세요. 그림을 완성하면 오른쪽 위의 확인 버튼을 눌러 주세요.

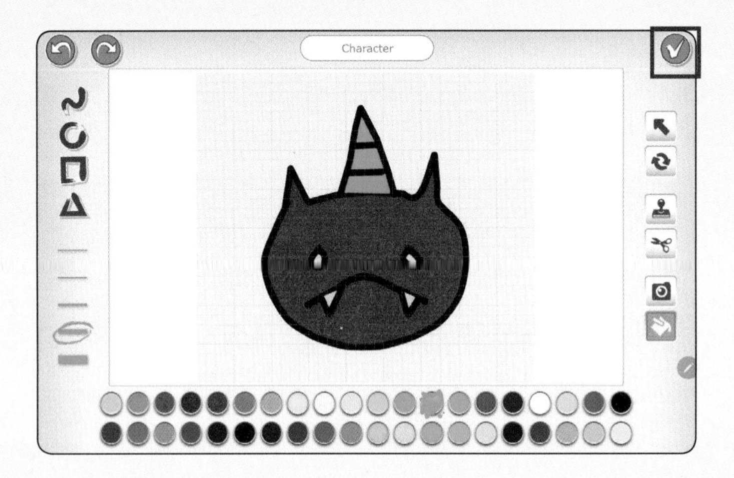

6. 3번~4번까지 작업을 반복하세요. 그리고 나만의 컴퓨터 백신 캐릭터를 그려 주세요. 그림을 완성하면 오른쪽 위의 확인 버튼을 눌러 주세요.

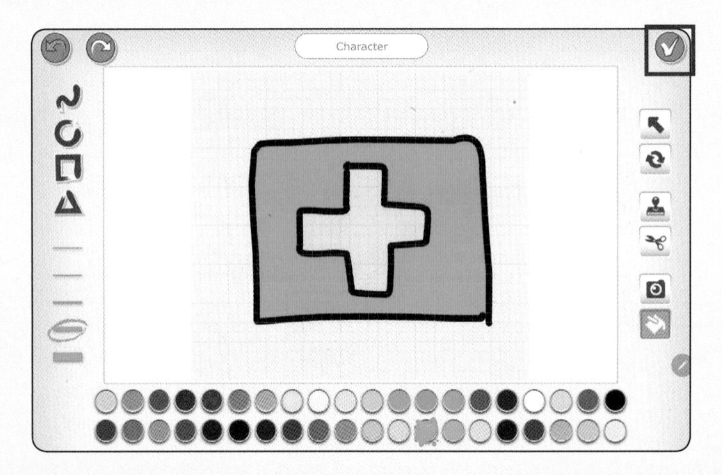

7. 스테이지에서 캐릭터를 꾹 누르고 끌어서 원하는 자리로 옮겨 주세요.

8. 고양이 캐릭터를 누른 뒤 다음과 같이 코딩해 주세요.

- 첫 번째 말풍선의 말을 '모르는 사람이 보낸 파일이지만 궁금하니 열어보자'로 바꾸어 주세요.
- 두 번째 말풍선의 말을 '컴퓨터 백신! 대단하다!'로 바꾸어 주세요.
- 시계 속 시간을 '60'으로 바꾸어 주세요.

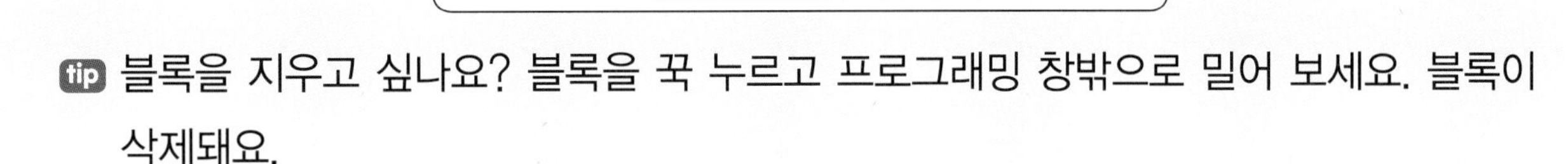

tip 블록을 지우고 싶나요? 블록을 꾹 누르고 프로그래밍 창밖으로 밀어 보세요. 블록이 삭제돼요.

5 단원

9. 컴퓨터 바이러스 캐릭터를 누른 뒤 다음과 같이 코딩해 주세요.

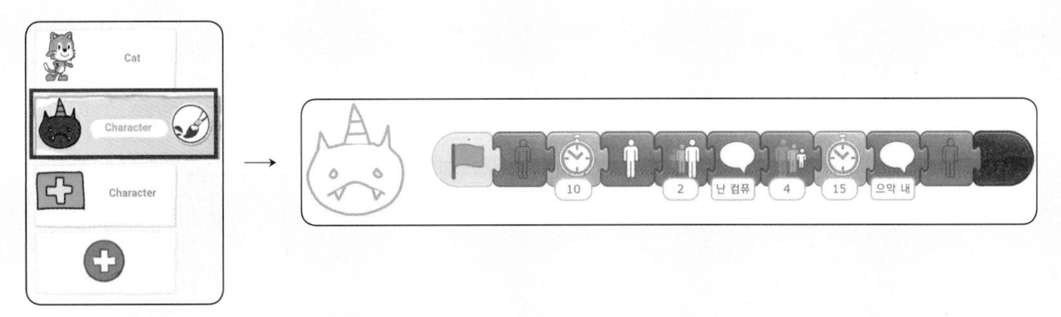

- 첫 번째 말풍선의 말을 '난 컴퓨터 바이러스다! 컴퓨터를 아프게 하지!'로 바꾸어 주세요.
- 두 번째 말풍선의 말을 '으악 내가 사라져간다!'로 바꾸어 주세요.
- 첫 번째 시계 속 시간을 '10'으로 바꾸어 주세요.
- 두 번째 시계 속 시간을 '15'로 바꾸어 주세요.
- 인물 확대 정도는 '2', 축소 정도는 '4'로 바꾸어 주세요.

도전! 코딩

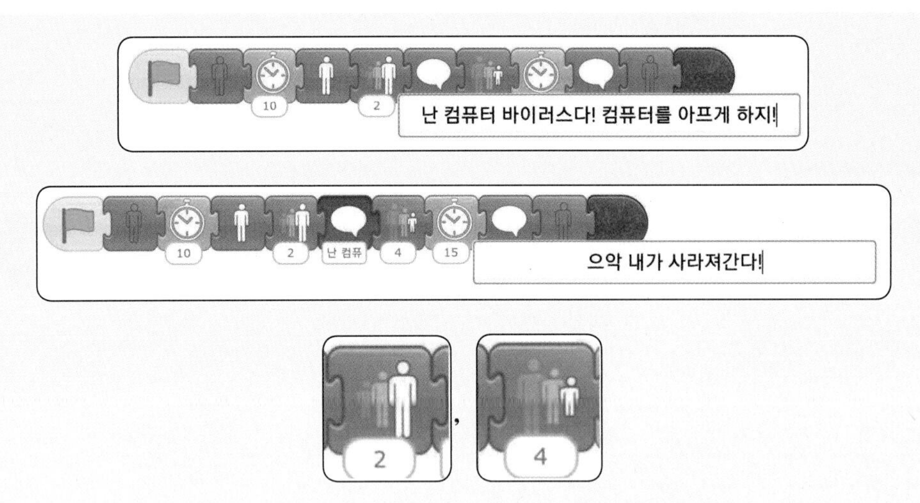

10. 컴퓨터 백신 캐릭터를 누른 뒤 다음과 같이 코딩해 주세요.

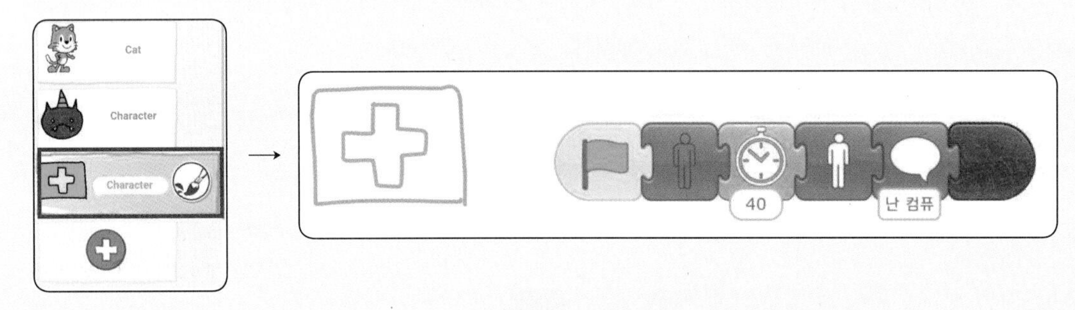

— 말풍선의 말을 '난 컴퓨터 백신이야. 날 사용해봐!'로 바꾸어 주세요.

— 시계 속 시간을 '40'으로 바꾸어 주세요.

11. 모든 장면을 완성했나요? 초록색 깃발 을 눌러 이야기를 제대로 완성했는지 확인해 보세요.

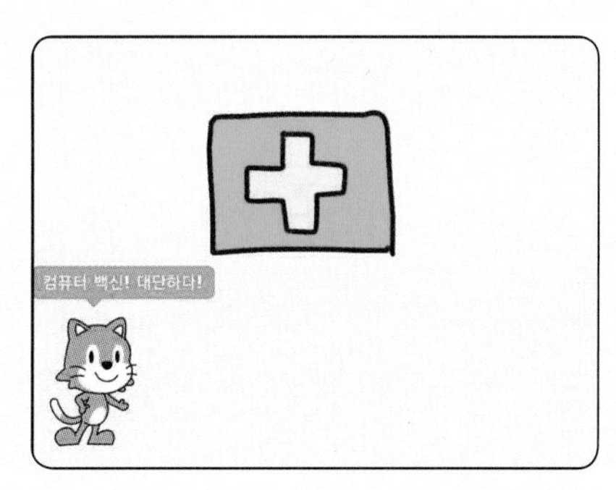

tip 이야기를 더 재밌게 만들고 싶나요? 배경을 추가해서 이야기를 실감나게 만들어 보세요. 음성 효과, 캐릭터 이동 효과, 그리고 크기 변경 효과 등을 추가해 보세요.

DO IT!

➔ 스크래치 주니어(Scratch Jr.) 어플리케이션을 설치하고 접속하여 직접 코딩을 즐겨 보세요! 코딩 후엔 꼭 실행해 보세요.

정리 시간

≫ 정답 및 해설 37쪽

〈5단원-네트워크를 지켜줘〉를 학습하며 배운 개념들을 정리해 보는 시간입니다.

1 용어에 알맞은 설명을 선으로 바르게 연결해 보세요.

와이파이 •		• 위협적인 공격으로부터 컴퓨터 시스템이나 데이터를 안전하게 지키는 것
보안 •		• 전 세계 사람들이 동시에 연결되어 있는 네트워크
인터넷 •		• 나에 관한 모든 정보
개인 정보 •		• 선이 없이 인터넷 네트워크에 연결시켜 주는 기술
네트워크 •		• 여러 대의 컴퓨터가 연결되어 있는 구조

2 네트워크는 컴퓨터 밖에도 있어요. 다음의 〈예시〉와 같이 '나'를 중심으로 네트워크를 그려 보세요.

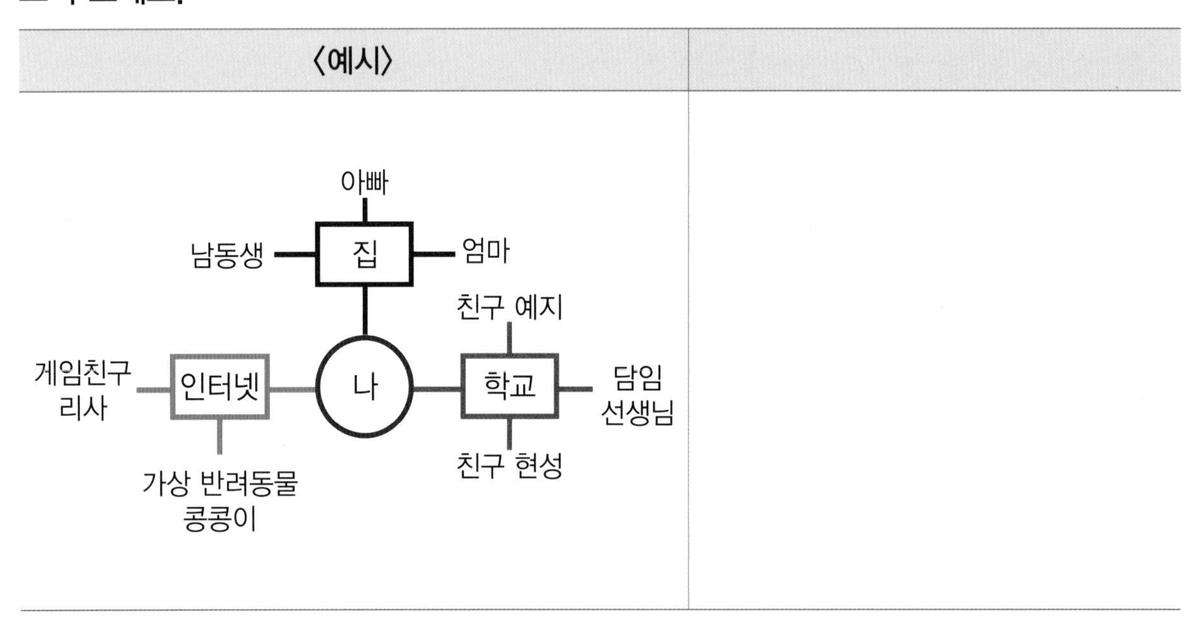

쉬는 시간 언플러그드 코딩놀이 숨은 글자 찾기

정답 및 해설 38쪽

〈보기〉에서 우리가 배운 네트워크와 관련된 단어들을 모두 찾아 색칠해 보세요.

보기

컴퓨터, 네트워크, 인터넷, 바이러스, 백신, 암호, 브라우저, 와이파이

사	과	일	자	동	차	표	오	이
음	백	신	전	네	트	워	크	불
거	울	산	거	창	문	고	리	와
컴	진	사	오	미	자	망	고	이
퓨	버	인	터	넷	축	산	을	파
터	스	강	아	지	네	업	무	이
토	무	코	학	바	이	러	스	프
끼	암	수	교	실	내	장	식	료
구	호	영	브	라	우	저	장	소

한 발자국 더

보안의 세계 **컴퓨터 바이러스와 백신**

병에 걸린 것과 비슷하지. 컴퓨터 바이러스란 주인의 허락 없이 컴퓨터 속의 프로그램 및 자료를 복제하거나 망가뜨리는 프로그램이야.

다행히 백신 프로그램이 네 컴퓨터를 치료했어! 평상시에도 바이러스 검사를 자주 해서 컴퓨터를 안전하게 지켜 줘.

MEMO

MEMO

수학이 쑥쑥!
코딩이 척척!
초등 코딩
CODING
수학 사고력
1단계

본 도서는 항균잉크로 인쇄하였습니다.

현직 교사가 알려주는 재미있는 사고력 코딩 이야기

정답 및 해설

SD에듀
시대교육(주)

이 책의 차례

	문제편	해설편
1 컴퓨터의 세계	1	2
2 규칙대로 척척	27	9
3 알고리즘이 쑥쑥	53	16
4 나는야 데이터 탐정	77	23
5 네트워크를 지켜줘	101	31

수학이 쑥쑥!
코딩이 척척!
초등코딩
수학사고력
1 단계
초등 1~2
정답 및 해설

1 컴퓨터의 세계

01 누가 만들었을까? 자연과 인공

STEP 1

정답

- 자연이 만든 것: 나무, 지렁이, 꽃
- 사람이 만든 것: 자동차, 자전거, 건물

해설

자연적인 것과 사람이 만든 인공적인 것을 구분하는 문제입니다.

나무, 지렁이, 꽃은 자연이 만든 것이고, 자동차, 자전거, 건물은 사람이 만든 것입니다.

STEP 2

정답

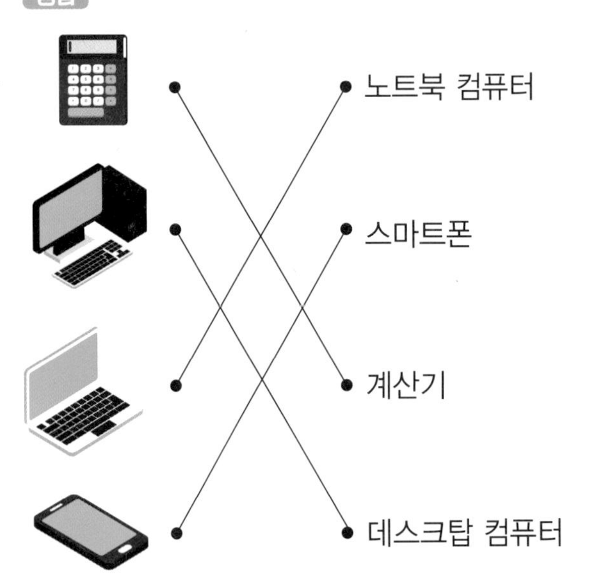

해설

사람이 만든 인공적인 것 중에서 기계장치의 이름을 바르게 연결하는 문제입니다.

계산기는 수의 계산을 빠르고 정확하게 할 수 있는 장치입니다. 데스크탑 컴퓨터는 영어로 desktop computer입니다. 즉, 책상 위에 올려 두고 사용하는 컴퓨터로, 정해진 위치에서 사용하기 위해 만들어진 컴퓨터입니다. 노트북 컴퓨터는 공책만한 크기의 컴퓨터라는 뜻으로, 간단하게 휴대하여 편리하게 사용할 수 있도록 만들어진 컴퓨터입니다. 마지막으로 스마트폰은 간단하게 휴대할 수 있으며 통화와 문자, 인터넷 접속 등 다양한 일을 할 수 있는 장치입니다.

02 로봇의 세계로 기계장치와 로봇

STEP 1

정답

마우스: (노란색)

키보드: (파란색)

모니터: (주황색)

스피커: (초록색)

해설

기계장치와 하는 일을 알맞게 연결하는 문제입니다. 숫자나 문자를 손가락으로 쳐서 입력할 수 있는 장치는 키보드로, 타자기의 자판과 비슷한 모양의 입력장치입니다.

동그랗게 생긴 장치로, 움직이면 커서가 이동하고 버튼을 누르면 명령이 실행되는 장치는 마우스로, 입력장치입니다. 쥐를 닮았다고 하여 마우스라는 이름이 붙었습니다.

컴퓨터의 소리를 내는 장치는 스피커로, 다양한 소리를 출력하는 출력장치입니다.

컴퓨터의 상황을 화면으로 보여 주는 장치는 모니터로, 명령의 결과를 화면으로 출력하는 출력장치입니다.

STEP 2

정답

해설

로봇은 어떤 일을 자동으로 처리할 수 있도록 사람이 만든 기계장치입니다. 로봇의 생김새는 인간의 모습과 닮을 수도 있습니다. 또, 로봇의 생김새와는 상관없이 특정한 작업을 수행하도록 만들어지기도 합니다.

03 숫자로 그림을 컴퓨터와 숫자

STEP 1

정답

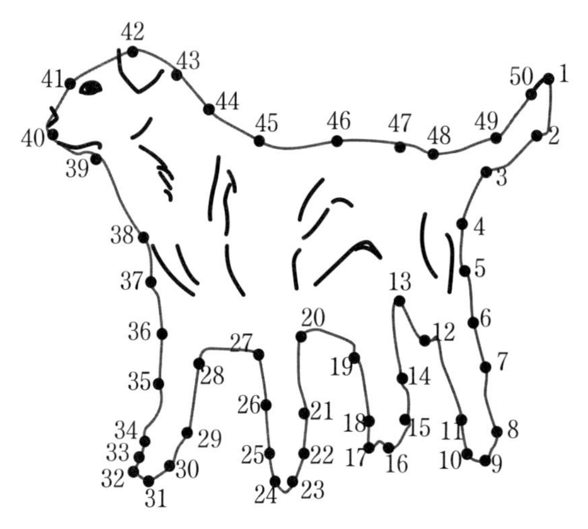

강아지(개)

해설

1부터 50까지의 수를 순서대로 선으로 이어 그림을 완성합니다. 그림을 완성하면 강아지(개)가 나타납니다.

STEP 2

정답

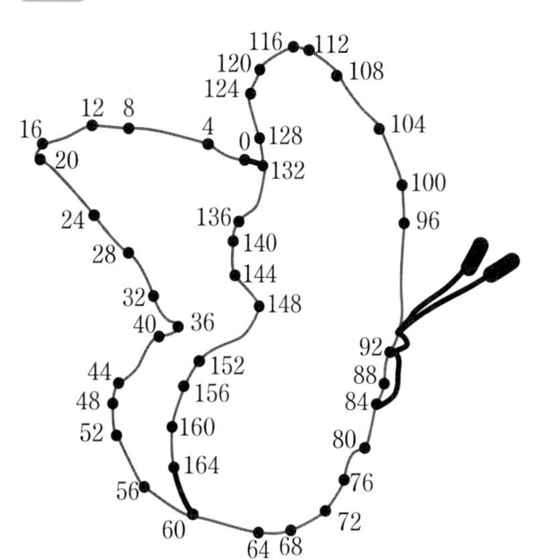

나비

해설

숫자점의 규칙을 발견하고, 규칙의 순서대로 숫자점을 이어 그림을 완성하는 문제입니다. 0에서부터 164까지 4씩 커지는 규칙이 있습니다. 따라서 0부터 4씩 더하여 0, 4, 8, 12, …, 152, 156, 160, 164를 순서대로 선으로 이어 그림을 완성합니다. 그림을 완성하면 나비가 나타납니다.

04 0과 1로 그림을 그려요 픽셀과 그림

STEP 1

정답

0	0	0	0	0	0	0	0
0	0	1	1	1	1	0	0
0	0	1	1	1	1	0	0
1	1	1	1	1	1	1	1
1	1	1	1	1	1	1	1
0	1	1	0	0	1	1	0
0	1	1	0	0	1	1	0
0	0	0	0	0	0	0	0

해설

1이 쓰여진 네모 칸에만 색을 칠합니다. 이때, 네모 칸 하나하나는 픽셀 또는 화소를 의미하고, 0 또는 1은 픽셀값을 의미합니다.

STEP 2

정답

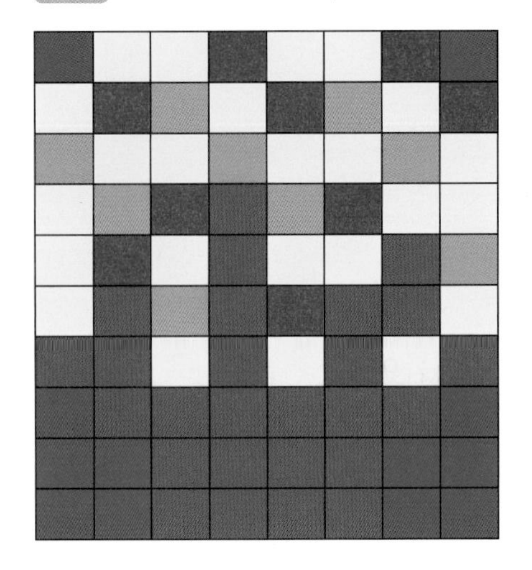

풀이

각 칸이 나타내는 수에 맞도록 규칙에 따라 색을 칠하는 문제입니다.
연산이 들어간 칸은 그 값을 구한 뒤 색을 칠합니다. 예를 들어, $2+2=4$이므로 4에 해당하는 파란색을 칠합니다.
위에서부터 각각 계산을 하면
$1+1=2$, $9-7=2$, $2\times2=4$
$2\times1=2$, $4-2=2$
$1\times1=1$, $1+1=2$
$5-5=0$, $6-3=3$, $3\times0=0$
$7\times0=0$, $1+2=3$
$3-1=2$, $1+2=3$, $5-2=3$
$3+0=3$, $2+1=3$
$1\times4=4$, $1\times3=3$, $7-4=3$
$10-7=3$, $5-1=4$
$9-5=4$, $3\times1=3$
입니다. 각 칸이 나타내는 수를 규칙에 따라 색칠하면, 알록달록 단풍나무가 나타납니다.

05 컴퓨터는 이렇게 일해요 전기와 신호

STEP 1

정답

3	1	17	89	93	65	17	11	69
71	57	2	12	16	98	40	21	87
25	23	93	85	75	19	31	33	43
41	84	20	16	58	10	22	62	81
7	61	31	59	25	67	79	47	29
55	33	49	34	80	30	65	23	77
81	9	76	41	53	85	52	73	75
21	63	72	43	83	39	34	91	51
57	19	45	8	46	28	15	13	93
71	27	87	17	69	37	57	89	35

ㅎ

해설

짝수가 적혀 있는 통로에 전기가 흐르고, 전기가 흐르는 통로에 있는 전구만 켜집니다. 따라서 이 문제는 짝수가 적힌 칸을 찾아 색칠하는 문제입니다.
짝수가 적힌 칸을 모두 색칠하면 글자 'ㅎ'이 나타납니다.

STEP 2

정답

1, 3, 6, 7, 8

해설

사각형의 테두리를 따라 만들어지는 디지털 숫자의 형태를 이해하고 숫자를 찾는 문제입니다. 48이라는 숫자를 만들기 위해서는 1, 3, 6, 7, 8번 스위치를 눌러야 합니다.

06 컴퓨터는 이렇게 일해요 그림과 신호

STEP 1

정답

4번

해설

페페는 제제가 보여 주는 카드에서 병아리 그림이 보이면, 오른쪽으로 한 칸 이동합니다. 또, 제제가 보여 주는 카드에서 강아지 그림이 보이면 정지합니다.

제제는 페페에게 , , , ,

, 카드를 순서대로 보여 줬습니다.

그러면 페페는 다음과 같이 움직이게 됩니다.

: 오른쪽으로 한 칸 이동

: 정지

: 오른쪽으로 한 칸 이동

: 오른쪽으로 한 칸 이동

: 정지

: 오른쪽으로 한 칸 이동

따라서 오른쪽으로 총 네 칸 움직이게 되므로 페페는 지금 4번 칸에 서 있습니다.

STEP 2

정답

10번

해설

STEP 1의 규칙에 같은 카드를 두 번 연속해서 보여 줄 때와 세 번 연속해서 보여 줄 때의 규칙이 추가되었습니다. 같은 카드를 두 번 연속해서 보여 주면, 그 동작을 두 번 반복하고, 세 번 연속해서 보여 주면, 그 동작을 네 번 반복한다는 것에 주의해야 합니다.

제제는 페페에게 , , , , , , , , , ,  카드를 순서대로 보여 줬습니다. 그러면 페페는 다음과 같이 움직이게 됩니다.

: 오른쪽으로 한 칸 이동

: 정지

: 오른쪽으로 네 칸 이동

: 정지, 정지

: 오른쪽으로 두 칸 이동

: 정지

: 오른쪽으로 두 칸 이동

: 정지

: 오른쪽으로 한 칸 이동

따라서 페페는 오른쪽으로 총 열 칸 움직이게 되므로 페페는 지금 10번 칸에 서 있습니다.

07 컴퓨터와 일

컴퓨터는 이렇게 일해요

STEP 1

정답

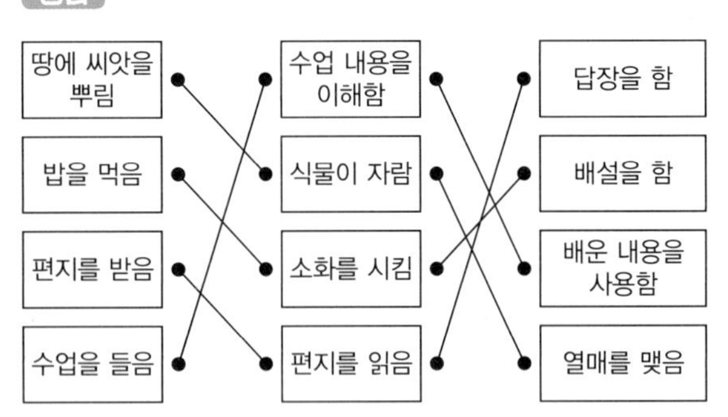

해설

주어진 일들을 3종류로 나누고, 순서대로 연결하는 문제입니다.

땅에 씨앗을 뿌리면, 식물이 자라고, 열매를 맺습니다.

밥을 먹으면, 소화를 시켜서, 배설을 합니다.

편지를 받으면, 읽고, 답장을 합니다.

수업을 들으면, 수업 내용을 이해하고, 배운 내용을 사용합니다.

STEP 2

정답

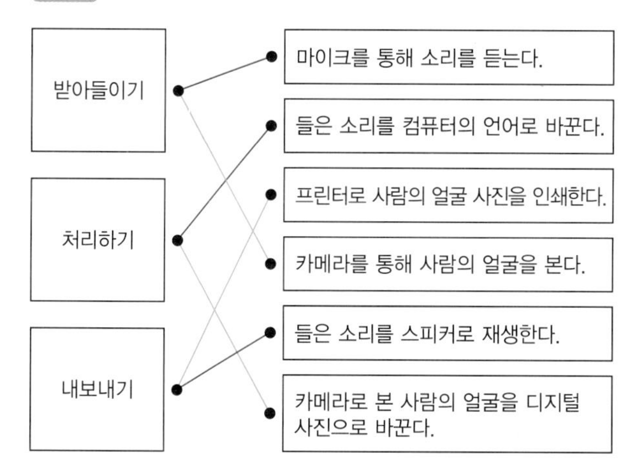

해설

일을 '받아들이기', '처리하기', '내보내기'로 알맞게 분류할 수 있는지 알아보는 문제입니다.
'받아들이기'는 내용을 밖에서 컴퓨터 안으로 입력하는 작업입니다. 마이크를 통해 소리를 듣고, 카메라를 통해 사람의 얼굴을 보는 것이 해당됩니다.
'처리하기'는 내용을 컴퓨터가 이해하는 형태로 바꾸는 것입니다. 소리를 컴퓨터의 언어로 바꾸는 것, 사람의 얼굴을 디지털 사진으로 바꾸는 것이 해당됩니다.
'내보내기'는 내용을 컴퓨터 안에서 밖으로 내보내는 것입니다. 프린터로 사진을 인쇄하는 것, 소리를 스피커로 재생하는 것이 해당됩니다.

08 디지털 세상 아이콘과 약속

STEP 1

정답

아이콘	의미
	⑤ 전원 끄기
	⑥ 확대하기
	② 인쇄하기
	⑦ 뒤로 가기
	① 저장하기
	⑧ 새롭게 불러오기
	④ 파일 내려 받기
	③ 소리 끄기

해설

아이콘 속에 담겨진 의미를 추측하여 〈보기〉에서 골라 적는 문제입니다. 그림 기호의 요소들을 자세히 살펴보고 알맞은 내용을 연결하여 적으면 됩니다.

STEP 2

정답

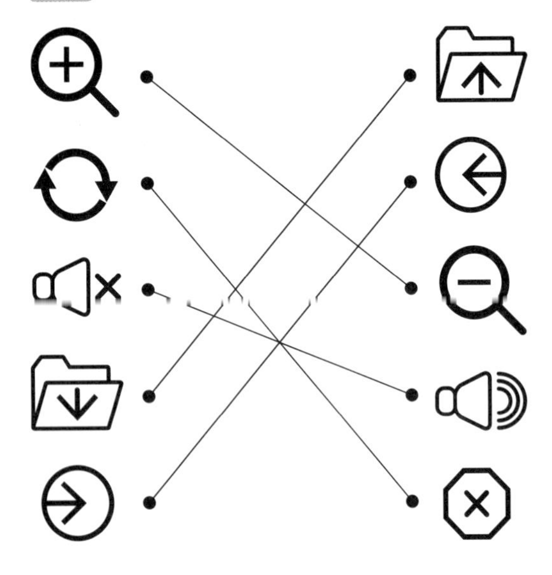

해설

아이콘 속에 담겨진 의미를 추측하고, 이와 반대되는 아이콘을 선으로 연결하는 문제입니다.

그림 기호의 요소를 자세히 살펴보고, 아이콘의 의미를 추측해야 합니다. 그리고 서로 반대되는 기호를 짝지으면 됩니다.

아이콘	의미
	축소하기
	정지하기
	소리 켜기
	파일 올리기
	앞으로 가기

정리 시간

1.

정답

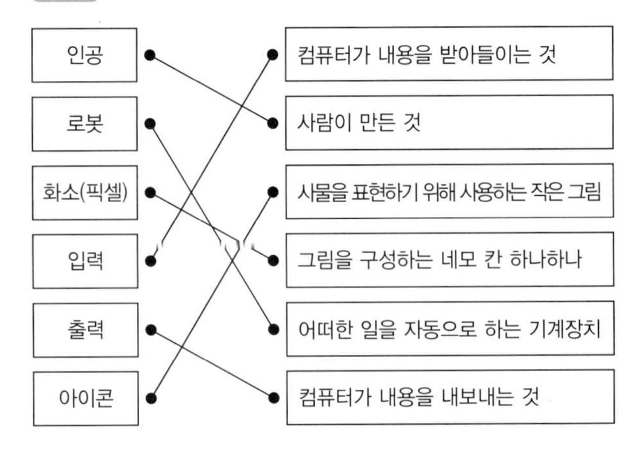

2.

정답

(1) 휴대폰

(2) 키보드

(3) 마우스

(4) 모니터

쉬는 시간

Q

다양한 종류의 구슬을 이용해 팔찌를 만들기 위해서 각 색깔에 해당하는 숫자를 정합니다. 예를 들어 흰색은 0, 검은색은 1, 노란색은 2, 파란색은 3으로 각각 숫자를 정하고, 이 숫자를 일정한 규칙대로 나열합니다. 나열한 숫자에 맞는 색 구슬을 끼우면 알록달록한 팔찌를 완성할 수 있습니다.

2 규칙대로 척척

01 생활 속 규칙 규칙과 추상화

STEP 1

정답

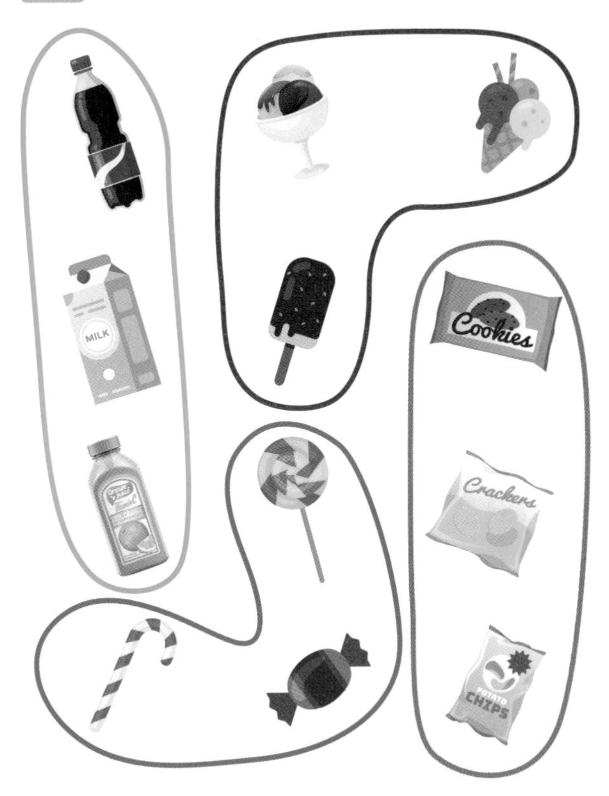

해설

흩어져 있는 간식들 사이에서 규칙을 찾는 문제입니다.

겉보기에 서로 달라 보이는 간식들은 음료수, 사탕, 아이스크림, 봉지과자라는 공통점으로 묶을 수 있습니다.

음료수, 사탕, 아이스크림, 봉지과자끼리 묶으면 전체 간식이 3개씩 총 4개의 덩어리로 나누어 집니다.

STEP 2

정답

〈예시답안〉

- 숫자들이 6씩 커지고 있습니다.
- 6에 1에서 9까지의 수를 곱한 값들이 순서대로 적혀 있습니다.
- 연속하는 두 수를 택해 오른쪽에 있는 수에서 왼쪽에 있는 수를 빼면 6만큼 차이가 납니다.
- 연속하는 두 수를 택해 왼쪽에 있는 수에 6을 더하면 오른쪽에 있는 수가 됩니다.

해설

곱셈구구 6단의 수들 사이에서 규칙을 찾아 간단하게 표현해 보는 문제입니다.

예시답안 이외에도 논리적인 문장이라면 정답이 될 수 있습니다.

02 입체와 규칙 문제와 분해

STEP 1

정답

④ 인형 받침대

해설

로봇 인형을 부위별로 분해해서 공통점과 차이점을 살펴보는 문제입니다.

서로 다른 부분을 찾기 위하여 로봇 인형을 인형 머리, 인형 상체, 인형 하체, 인형 받침대로 나누어서 봅니다. 인형 받침대를 제외하고 모양과 색깔이 모두 똑같은 것을 알 수 있습니다.

STEP 2

정답

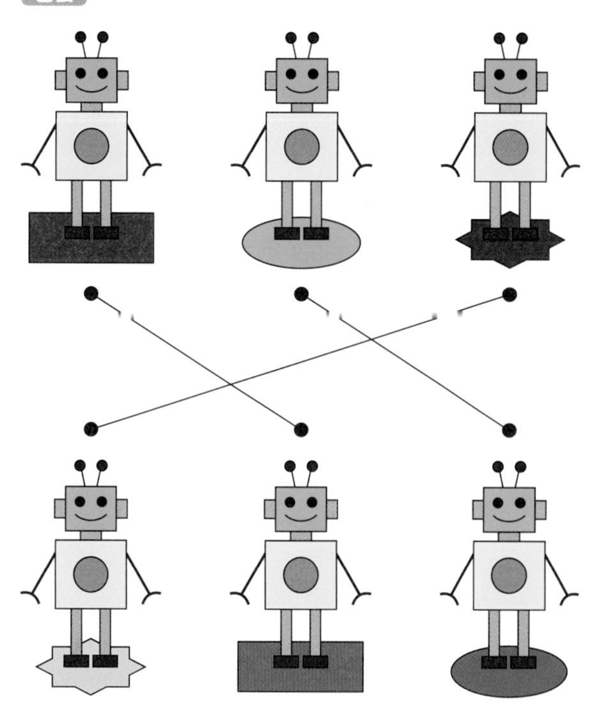

해설

로봇의 종류를 구분해 보는 문제입니다.
여러 가지 로봇 인형들 사이에서 공통점과 차이점을 찾아내야 합니다. 로봇 인형들은 받침대의 모양만 서로 다르고, 나머지 부분은 모두 같습니다.
따라서 받침대 모양별로 정리를 하면 됩니다. 즉, 네모 받침대 로봇 인형끼리, 동그라미 받침대 로봇 인형끼리, 별 받침대 로봇 인형끼리 선으로 연결하면 됩니다.

03 규칙과 정리
규칙과 분류

STEP 1

정답

〈예시답안〉

- 2, 62, 74, 58, 100과 11, 25, 49, 37, 97
  규칙: 짝수와 홀수로 나누었습니다.
- 2, 11, 25, 49, 37과 62, 74, 58, 97, 100
  규칙: 50보다 큰 수와 작은 수로 나누었습니다.

해설

일정한 규칙에 따라 주어진 수를 분류할 수 있는지 알아보는 문제입니다.
예시답안 이외에도 논리적인 규칙에 의해 수를 나누었다면 정답이 될 수 있습니다.

STEP 2

정답

- 1번 상자 분류 규칙: 카드의 배경이 검정색이고 숫자가 적혀 있지 않습니다.
- 2번 상자 분류 규칙: 카드의 배경이 흰색이고 숫자가 적혀 있지 않습니다.
- 3번 상자 분류 규칙: 카드에 숫자가 적혀 있습니다.

해설

분류 결과를 보고 분류 규칙을 찾을 수 있는지 알아보는 문제입니다.
3번 상자에는 카드의 배경이 검정색인 카드와 흰색인 카드가 섞여 있습니다.
따라서 1번 상자와 2번 상자 분류 규칙에는 숫자가 적혀 있지 않다는 조건을 반드시 넣어 주어야 합니다.

04 수와 규칙 수와 분류

STEP 1

정답

④ 5와 3

풀이

분류 결과를 보고 분류 규칙을 찾을 수 있는지 알아보는 문제입니다.

1번 분류의 규칙을 살펴보면 $1+4=5$, $2+3=5$, $3+2=5$로 더해서 5가 되는 두 수들을 묶었습니다.

2번 분류의 규칙을 살펴보면 $1+5=6$, $2+4=6$, $3+3=6$, $4+2=6$, $5+1=6$으로 더해서 6이 되는 두 수들을 묶었습니다.

3번 분류의 규칙을 살펴보면 $1+6=7$, $2+5=7$, $3+4=7$, $4+3=7$, $5+2=7$, $6+1=7$로 더해서 7이 되는 두 수들을 묶었습니다.

마찬가지로 4번 분류의 규칙을 살펴보면 $1+8=9$, $7+2=9$, $8+1=9$로 더해서 9가 되는 두 수들을 묶었습니다.

① $2+7=9$

② $3+6=9$

③ $4+5=9$

④ $5+3=8$

따라서 ④ 5와 3은 빈칸에 들어갈 수 없습니다.

STEP 2

정답

규칙: 더해서 22가 되는 두 수

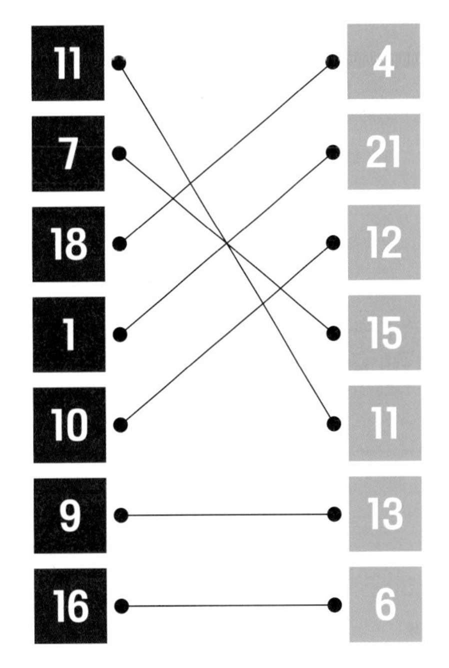

풀이

문제에 주어진 수들을 보고 두 수를 묶은 규칙을 발견해 보는 문제입니다.

$3+19=22$, $17+5=22$, $2+20=22$로 두 수를 묶은 규칙은 더해서 22가 되는 것입니다.

주어진 수에서 더해서 22가 되는 두 수끼리 선으로 연결합니다.

더하는 수를 모를 경우, 모르는 수 □가 답이 되도록 식을 바꾸어 □를 구합니다.

예를 들어, 11과 더해서 22가 되는 수를 구하려면

$11+\square=22$

$22-11=\square$

를 이용해 구합니다. 즉, $\square=11$입니다.

마찬가지로 더해서 22가 되는 수를 순서대로

구하면

$22-7=15$, $22-18=4$, $22-1=21$,

$22-10=12$, $22-9=13$, $22-16=6$

입니다.

따라서 11과 11, 7과 15, 18과 4, 1과 21, 10과 12, 9와 13, 16과 6을 선으로 연결해야 합니다.

05 규칙과 언어

규칙 따라 말 따라

STEP 1

정답

손 들어!

그림 그려!

체조해!

달려가!

책 읽어!

해설

명령과 그 명령을 들었을 때 할 행동을 선으로 바르게 연결하는 문제입니다.

'손 들어, 그림 그려, 체조해, 달려가, 책 읽어'의 명령에 알맞은 행동의 그림을 찾아 선으로 연결합니다.

STEP 2

정답

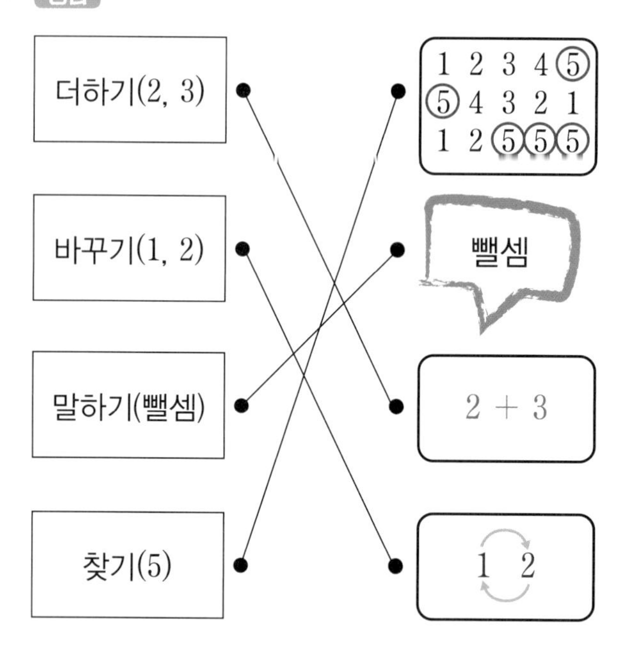

풀이

명령과 그 명령을 들었을 때 해야 할 행동을 선으로 바르게 연결하는 문제입니다.

더하기(2, 3)은 2와 3을 더하라는 것입니다.

바꾸기(1, 2)는 1과 2를 서로 바꾸라는 것입니다.

말하기(뺄셈)은 뺄셈이라는 말을 하라는 것입니다.

찾기(5)는 5라는 숫자를 찾으라는 것입니다.

06 규칙 따라 모양 따라
규칙과 패턴 1

STEP 1

정답

나비, 무당벌레, 개미

해설

일정한 패턴을 파악하여 빈칸에 들어갈 것을 찾는 문제입니다.
첫 번째 줄에서는 개미가 가장 먼저 나옵니다. 개미 다음에는 잠자리가 오고, 잠자리 다음에는 나비가 오며, 나비 다음에는 무당벌레가 옵니다.
두 번째 줄에서는 첫 번째 줄의 가장 마지막에 온 무당벌레가 가장 먼저 나오고, 그 다음 첫 번째 줄의 앞에서부터 순서대로 개미, 잠자리, 나비가 뒤에 이어서 나옵니다.
세 번째 줄에서는 두 번째 줄의 가장 마지막에 온 나비가 가장 먼저 나오고, 그 다음 두 번째 줄의 앞에서부터 순서대로 무당벌레, 개미, 잠자리가 뒤에 이어서 나옵니다.
따라서 네 번째 줄에서는 세 번째 줄의 가장 마지막에 온 잠자리가 가장 먼저 나오고, 그 다음 세 번째 줄의 앞에서부터 순서대로 나비, 무당벌레, 개미가 뒤에 이어서 나옵니다.

STEP 2

정답

사자	호랑이	말	토끼	고양이

해설

주어진 패턴을 이용하여 빈칸에 들어갈 동물을 찾는 문제입니다.
사자 뒤에는 호랑이가 있다는 것은 호랑이 앞에 사자가 있다는 것입니다. 따라서 첫 번째 칸에는 사자가 들어가야 합니다.
호랑이 뒤에는 말이 있으므로 세 번째 칸에는 말이 들어가야 합니다.
말 뒤에는 토끼가 있으므로 네 번째 칸에는 토끼가 들어가야 합니다.
토끼 뒤에는 고양이가 있으므로 마지막 칸에는 고양이가 들어가야 합니다.

07 규칙 따라 모양 따라
규칙과 패턴 2

STEP 1

정답

가

해설

규칙에 알맞게 전구를 색칠하여 숨어있는 글자를 찾는 문제입니다.

1번 전구는 색칠하지 않고, 2번 전구는 빨간색, 3번 전구는 초록색으로 색칠하면 정답과 같은 모양이 나옵니다.
따라서 숨어있는 글자는 '가'입니다.

STEP 2

정답

2	14	49	8
5	4	15	63
16	7	45	6
21	35	10	25

해설

곱셈구구에 패턴을 이용하여 색칠하는 문제입니다.
패턴 규칙대로 색칠할 때 주의할 점이 있습니다.
단별로 겹치는 숫자를 색칠할 때는 색깔이 따로 정해져 있는 것입니다.
10은 2단과 5단에 모두 있는 숫자이므로 주황색으로 색칠합니다.
35는 5단과 7단에 모두 있는 숫자이므로 보라색으로 색칠합니다.
14는 2단과 7단에 모두 있는 숫자이므로 초록색으로 색칠합니다.

더 알아보기

» 삼원색

다른 색을 섞어서 만들 수 없는 색을 원색이라고 합니다. 색을 이야기할 때에는 '빛의 삼원색'과 '물감의 삼원색'이 있어요.
빛의 삼원색은 빨간색, 초록색, 파란색으로, 색을 섞을수록 밝아져서 흰색이 돼요. 물감의 삼원색은 빨간색, 노란색, 파란색으로, 색을 섞을수록 어두워져서 검정색이 돼요.
문제의 패턴 규칙에서는 물감의 삼원색이 이용되었어요.
2단과 5단에 모두 있는 숫자는 주황색으로 색칠해야 하는데요, 2단의 노란색과 5단의 빨간색을 섞으면 주황색이 된답니다.
삼원색에 대해서 더 알아 보고 싶으면 QR코드 속 영상을 확인해 보세요!

▲ 색연필 삼원색
(출처: 임쌤미술)

▲ 색의 혼합송
(출처: 램넌트에듀)

08 규칙따라 모양따라 패턴과 디자인

STEP 1

정답

(1)

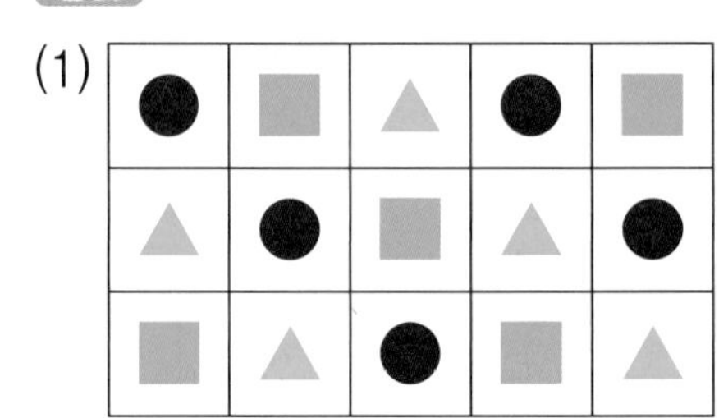

(2)

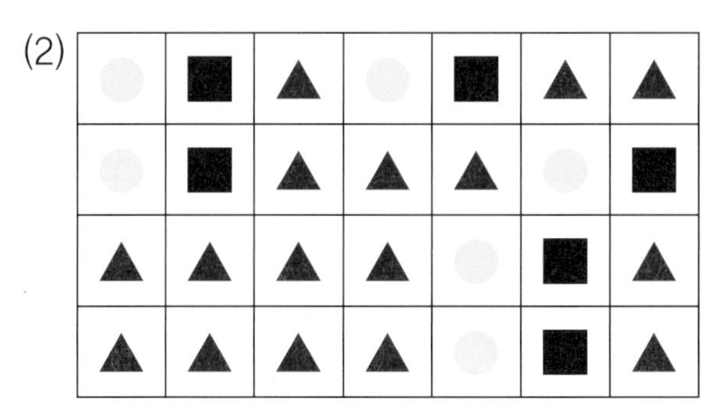

풀이

(1) 가 반복되는 패턴 규칙이 있습니다.

(2) 뒤에 가 한 개씩 늘어나며 붙는 패턴 규칙이 있습니다.

STEP 2

정답

〈예시답안〉

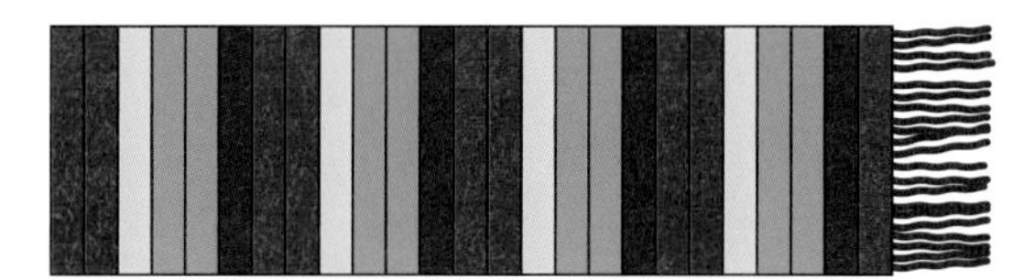

이 목도리의 패턴은 '빨간색 실이 2번, 노란색 실이 1번, 초록색 실이 2번, 파란색 실이 1번' 반복되어 엮이는 패턴입니다.

해설

빨간색 실, 노란색 실, 초록색 실, 파란색 실이 일정하게 반복되는 패턴을 사용하여 목도리를 디자인하는 문제입니다.
예시답안 이외에도 일정한 패턴에 따라 다양한 모양의 목도리를 디자인할 수 있습니다.

정리 시간

1.

정답

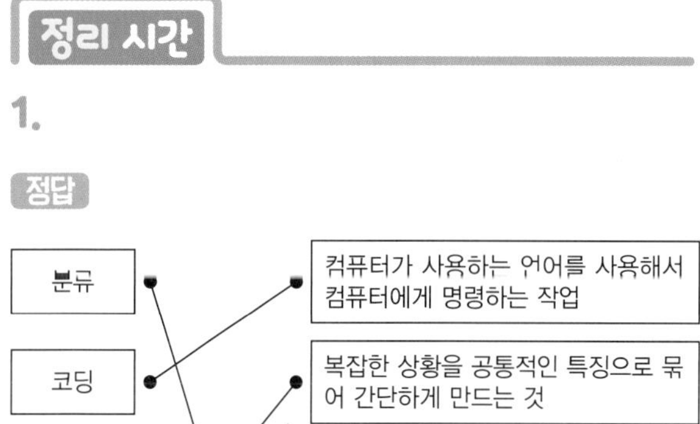

2.

정답

코딩

해설

우	딩	물	리	코	한	사	방	랑

글자에 'ㄷ' 또는 'ㅗ'가 들어가는 글자를 찾으면 '딩', '코'입니다.
'딩코'가 정답이 아니라 '코딩'이 정답인 이유는 규칙 3에 있습니다. 우리 책 제목에 있는 단어는 무엇일까요? 코딩입니다.

3 알고리즘이 쑥쑥

01 무엇을 선택할까? 규칙과 선택

STEP 1

정답

(앞에서부터 동그라미 표시 순서대로)
티셔츠, 모자, 구두

해설

조건에 따라 올바르게 선택할 수 있는지 묻는 문제입니다.
날씨가 따뜻하므로 티셔츠를 선택해야 합니다.
다음으로 날씨가 화창하므로, 즉 비가 오지 않으므로 모자를 선택해야 합니다.
마지막으로 가까운 곳에서 제제를 만나기로 했으므로 구두를 선택해야 합니다.
따라서 페페는 따뜻하고 화창한 날, 제제를 만나기 위해 티셔츠를 입고, 모자를 썼습니다. 가까운 곳에서 제제를 만나기로 한 페페는 구두를 신고 외출을 했습니다.

STEP 2

정답

햄버거

해설

〈보기〉의 음식 중 주어진 조건에 맞는 음식을 선택하는 문제입니다.
먼저 면 음식이 아니므로 라면과 스파게티는 선택될 수 없습니다.
또, 매콤한 음식이 아니므로 떡볶이는 선택될 수 없습니다.
다음으로 치즈가 들어갔으므로 불고기는 선택될 수 없습니다.
남은 음식은 피자와 햄버거인데, 모두 동그랗게 생긴 음식입니다.
이중 납작하지 않고 원통 모양으로 생긴 음식은 햄버거입니다.
따라서 제제와 페페가 선택한 음식은 햄버거입니다.

02 기준에 따라 분류해요 기준과 분류

STEP 1

정답

(1) (앞에서부터 순서대로) 4, 3, 4
(2) (앞에서부터 순서대로) 3, 5, 3

해설

분류 기준을 서로 다르게 했을 때, 분류 기준에 맞게 올바르게 분류를 할 수 있는지 묻는 문제입니다.

(1) 분류 기준을 모양으로 했을 때, 원, 삼각형, 사각형으로 분류할 수 있습니다. 원은 4개, 삼각형은 3개, 사각형은 4개입니다.
(2) 분류 기준을 색깔로 했을 때, 빨간색, 노란색, 초록색으로 분류할 수 있습니다. 빨간색은 3개, 노란색은 5개, 초록색은 3개입니다.

STEP 2

정답

(1)

분류 기준	다리의 수		
다리의 수 (개)	0	2	4
동물의 수 (마리)	4	2	6

(2) 〈예시답안〉

분류 기준	활동하는 곳		
활동하는 곳	땅	물	하늘
동물의 수 (마리)	7	3	2

해설

분류 기준을 직접 세워 동물을 분류할 수 있는지 묻는 문제입니다.

(1) 다리의 수를 기준으로 분류를 했을 때, 다리가 없는(0개) 동물은 잉어, 뱀, 돌고래, 달팽이로 4마리입니다. 다음으로 다리의 수가 2개인 동물은 참새, 독수리로 2마리입니다. 마지막으로 다리의 수가 4개인 동물은 코끼리, 말, 기린, 수달, 사자, 호랑이로 6마리입니다.

(2) 분류 기준을 활동하는 곳으로 세울 수 있습니다. 땅, 물, 하늘로 각각 분류를 했을 때, 땅에서 활동하는 동물은 코끼리, 말, 뱀, 달팽이, 기린, 사자, 호랑이로 7마리입니다. 다음으로 물에서 활동하는 동물은 잉어, 돌고래, 수달로 3마리입니다. 마지막으로 하늘에서 활동하는 동물은 참새, 독수리로 2마리입니다.
예시답안 이외에 분류 기준을 정하여 제시된 동물을 빠짐없이 분류하면 정답이 될 수 있습니다.

03 규칙을 따라가요 규칙과 게임

STEP 1

정답

(1) $43+5=48$ 또는 $45+3=48$

(2) $17-9=8$

풀이

계산기의 규칙을 바탕으로 계산기의 창에 나타난 결과가 나오도록 올바른 계산식을 만드는 문제입니다.

(1) 계산기의 창에 나타난 결과가 48이고, 계산기에서 누른 버튼은 3, 4, 5와 +, =입니다. 즉, 덧셈식을 만들어야 합니다.
만들 수 있는 덧셈식은 (두 자리 수)+(한 자리 수)이고, 결과가 48이므로 일의 자리 숫자가 8이 나오도록 한 개의 두 자리 수와 한 개의 한 자리 수를 만들어야 합니다. $3+5=8$이므로 일의 자리 수는 3과 5이어야 합니다.
따라서 계산기의 창에 나타난 결과가 나오는 계산식은 $43+5=48$ 또는 $45+3=48$입니다.

(2) 계산기의 창에 나타난 결과가 8이고, 계산기에서 누른 버튼은 1, 7, 9와 −, =입니다. 즉, 뺄셈식을 만들어야 합니다.
만들 수 있는 뺄셈식은 (두 자리 수)−(한 자리 수)입니다.

즉, $17-9=8$, $19-7=12$, $71-9=62$, $79-1=78$, $91-7=84$, $97-1=96$입니다. 이 중 계산기의 창에 나타난 결과가 나오는 계산식은 $17-9=8$입니다.

STEP 2

정답

(앞에서부터 순서대로)
고양이, 사자, 거북이, 강아지(개)

해설

사다리 타기 규칙에 따라 올바르게 사다리 타기를 할 수 있는지 묻는 문제입니다.
각각의 동물이 규칙에 따라 사다리를 탄 결과는 다음과 같습니다.

• 강아지(개)

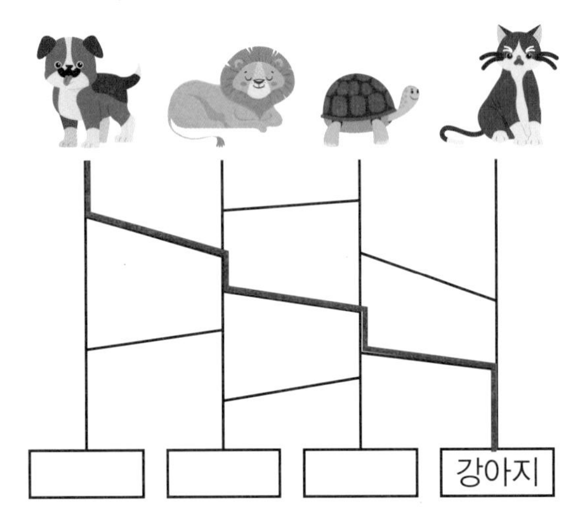

• 사자

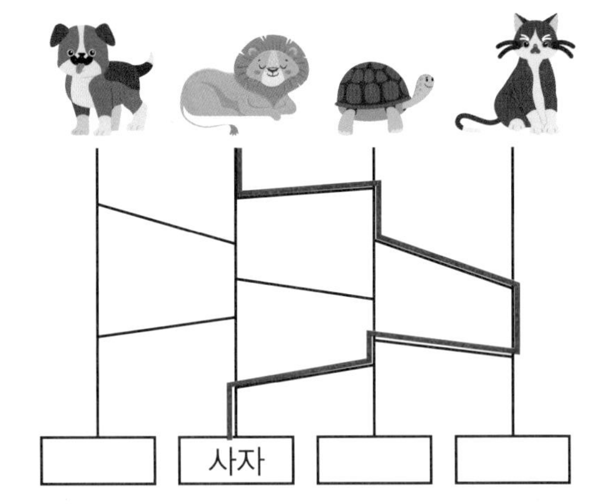

• 거북이

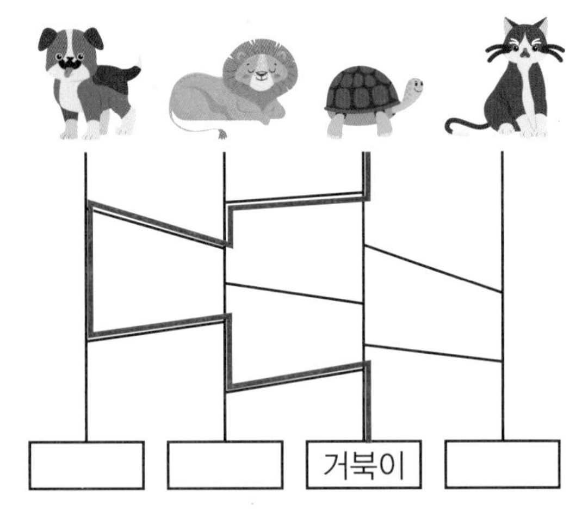

• 고양이

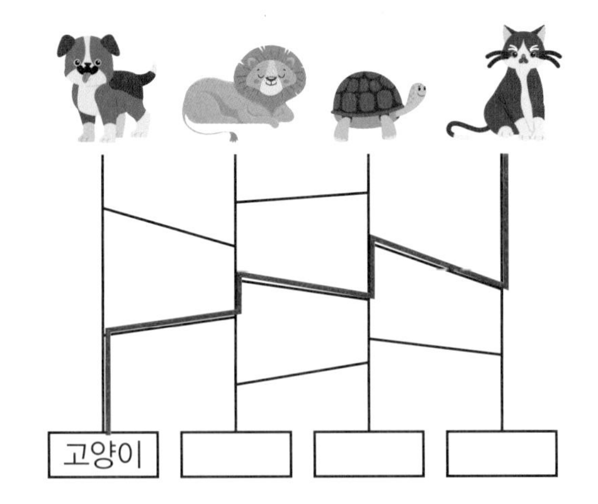

04 하나씩 차근차근 알고리즘과 명령어

STEP 1

정답

(위에서부터 순서대로)

ㄹ, ㄴ, ㄱ, ㄷ 또는 ㄴ, ㄹ, ㄱ, ㄷ

해설

딸기잼을 바른 토스트를 만들기 위한 알고리즘을 묻는 문제입니다.

먼저 접시 위에 빵을 하나 놓고, 잼 뚜껑을 열어 잼을 뜬 후, 접시 위에 놓여진 빵에 잼을 바릅니다. 남은 빵을 잼을 바른 빵 위에 덮으면 완성됩니다.

또는 잼 뚜껑을 열어 잼을 뜬 후, 접시 위에 빵을 하나 놓고, 접시 위에 놓여진 빵에 잼을 바릅니다. 남은 빵을 잼을 바른 빵 위에 덮으면 완성됩니다.

따라서 〈보기〉의 기호를 순서대로 나열하면 ㄹ→ㄴ→ㄱ→ㄷ 또는 ㄴ→ㄹ→ㄱ→ㄷ입니다.

STEP 2

정답

해설

주어진 알고리즘에 맞게 그림을 그릴 수 있는지를 알아보는 문제입니다.

살구색의 동그란 원 모양으로 얼굴을 그리고, 눈은 검은색 원 모양으로 2개 그립니다. 다음으로 삼각형 모양의 코를 1개 그리고, 입은 빨간색 원을 반으로 자른 반원 모양으로 그려 웃는 모습으로 그리면 완성됩니다.

05 출발부터 도착까지 길찾기와 알고리즘

STEP 1

정답

〈예시답안〉

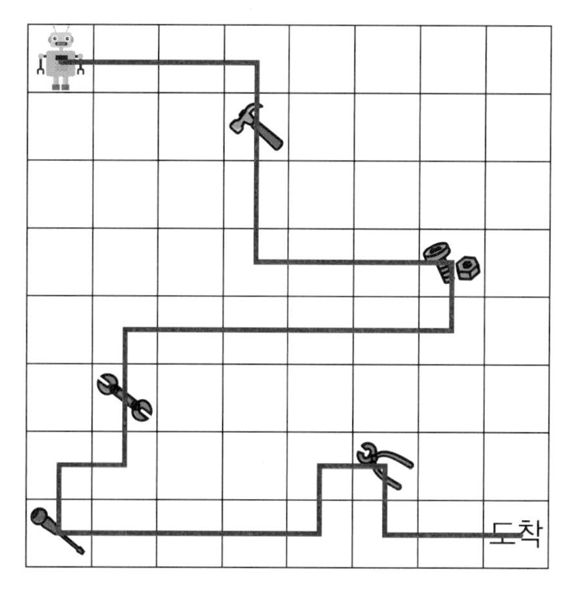

해설

주어진 조건에 따라 경로를 그릴 수 있는지 묻는 문제입니다.

예시답안 이외에도 한 번 지나간 칸은 다시 지나지 않고, 출발점에서 출발하여 도착점까지 이동하면서 모든 부품을 한 번씩 만날 수 있도록 길을 그리면 모두 정답입니다.

STEP 2

정답

〈예시답안〉

(1)

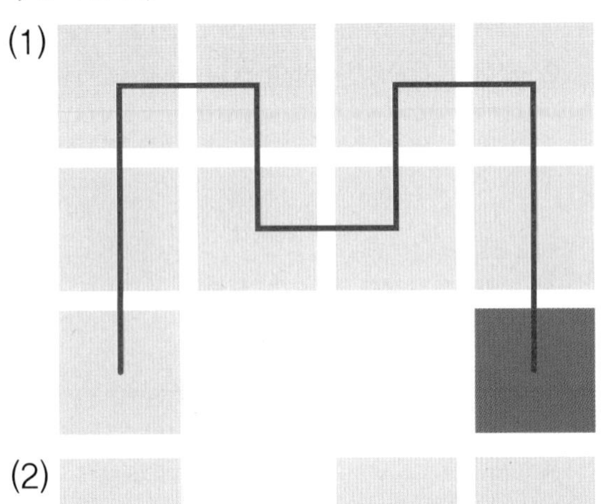

(2)

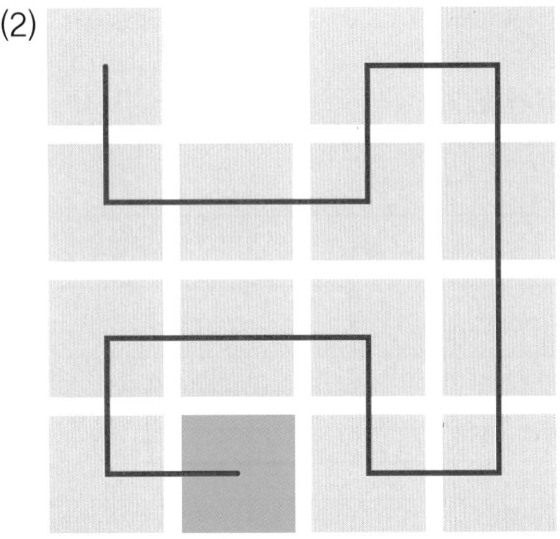

해설

주어진 조건에 따라 모든 칸을 지나는 경로를 그릴 수 있는지 묻는 문제입니다.

예시답안 이외에도 한 번 지나간 칸은 다시 지나지 않고, 색이 있는 칸에서 출발하여 모든 칸을 한 번씩 지날 수 있도록 선으로 연결하면 모두 정답입니다.

06 어떻게 갈까요? 경로와 알고리즘

STEP 1

정답

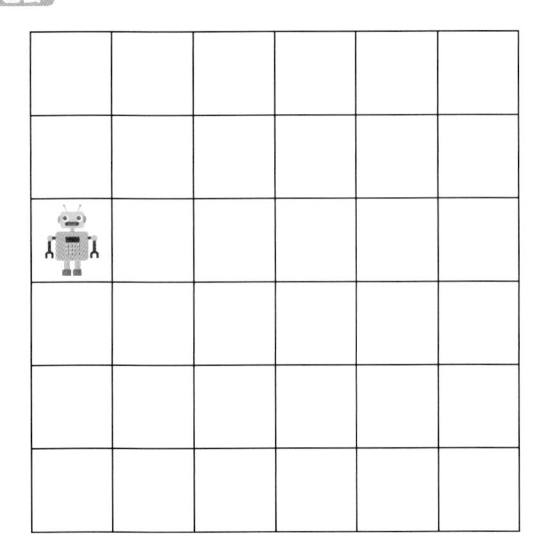

해설

조건에 따라 로봇을 움직일 수 있는지 묻는 문제입니다.

오른쪽으로 2칸, 아래쪽으로 2칸, 왼쪽으로 1칸, 위쪽으로 1칸, 왼쪽으로 1칸, 아래쪽으로 1칸 움직입니다.

따라서 다음 그림과 같은 경로로 로봇이 움직이는 것을 알 수 있습니다.

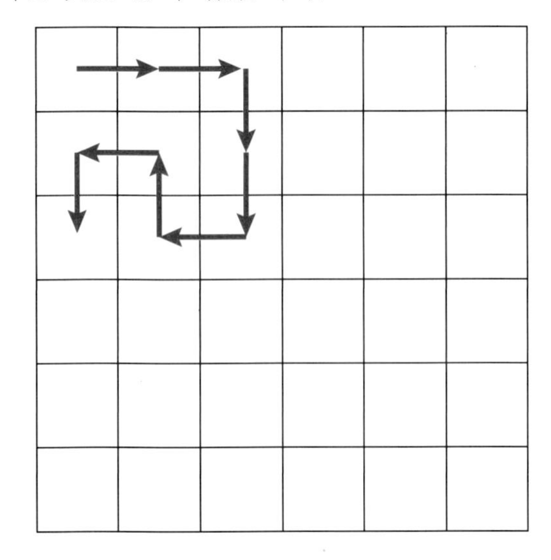

STEP 2

정답

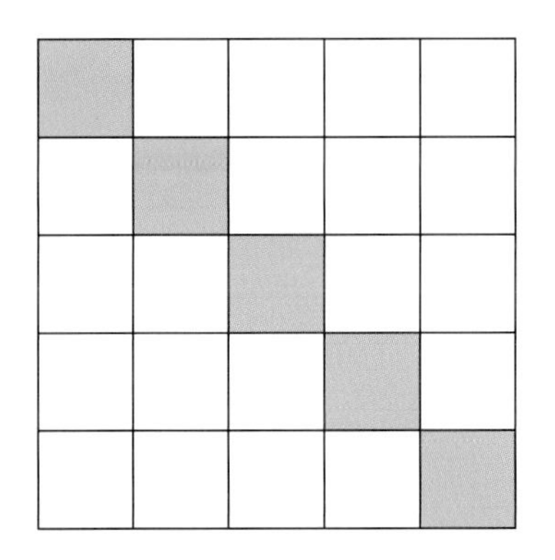

해설

조건에 따라 로봇을 움직이고, 색칠을 할 수 있는지 묻는 문제입니다.
먼저 출발점의 칸에 색칠을 합니다.
다음으로 오른쪽으로 1칸, 아래쪽으로 1칸 이동한 후, 그 칸을 색칠합니다.

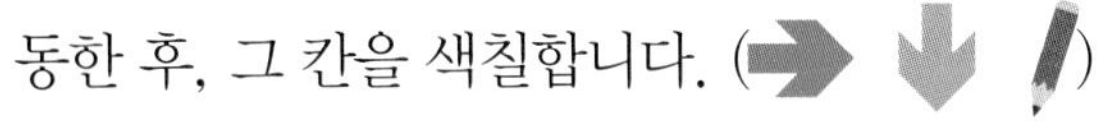

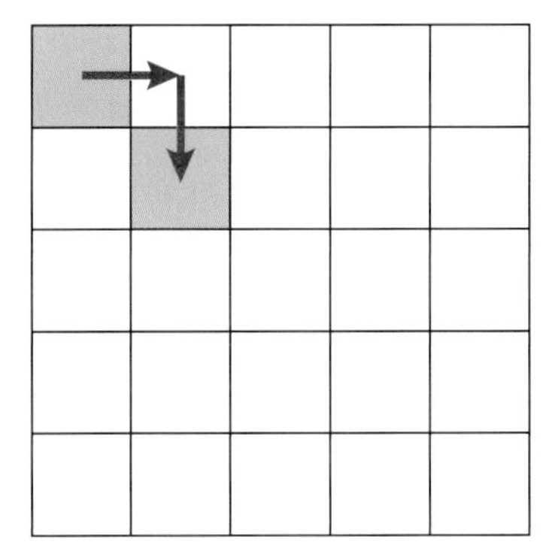

이 과정(➡ ⬇ ✏)이 계속 반복되므로 로봇은 다음과 같이 움직이면서 색칠을 합니다.

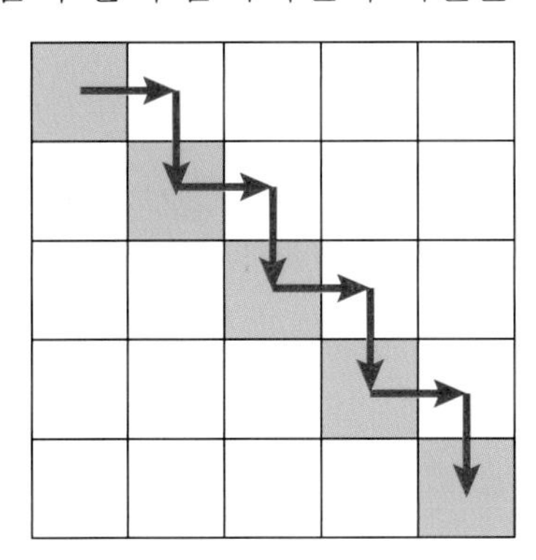

07 규칙에 따라 만들어요
규칙과 알고리즘

STEP 1

정답

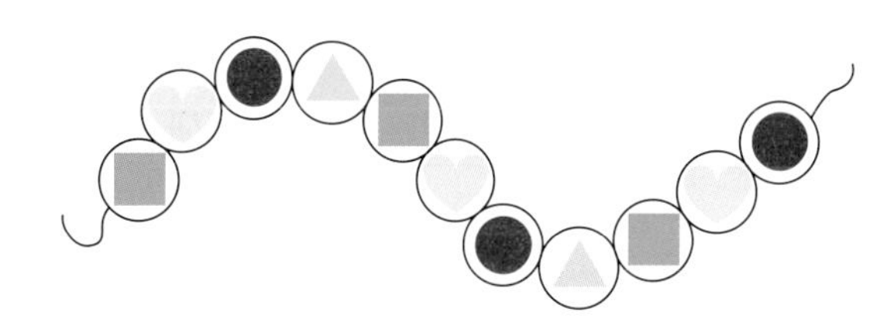

해설

알고리즘에 숨겨진 규칙을 찾는 문제입니다.
규칙을 살펴보면, ● 다음에는 ▲가 오고, ▲ 다음에는 ■가 옵니다. 또, ■ 다음에는 ♥가 오고, ♥ 다음에는 ●가 옵니다.
즉, 이 규칙을 이용하여 구슬을 끼우면 됩니다. 주어진 조건에서 마지막으로 끼워진 구슬에 그려진 도형이 ▲이므로 다음에 올 구슬에 그려진 도형은 ■입니다. ■ 다음에 올 구슬에 그려진 도형은 ♥이고, ♥ 다음에 올 구슬에 그려진 도형은 ●입니다. ● 다음에 올 구슬에 그려진 도형은 ▲입니다.
이처럼 ■ ♥ ● ▲가 계속 반복됩니다.

STEP 2

정답

해설

크리스마스 트리에 달아둔 전구의 알고리즘 규칙을 찾는 문제입니다.
규칙을 살펴보면 1초마다 전구의 색이 바뀝니다. 빨간색 전구는 1초 뒤 보라색 전구로 바뀌고, 보라색 전구는 1초 뒤 하늘색 전구로 바뀝니다. 하늘색 전구는 1초 뒤 파란색 전구로 바뀌고, 파란색 전구는 1초 뒤 빨간색 전구로 바뀝니다.
즉, 전구는 1초마다 빨간색 → 보라색 → 하늘색 → 파란색의 순서로 반복되며 색이 바뀝니다.
따라서 크리스마스 트리에서 하늘색 전구는 1초 뒤 파란색 전구로 바뀌고, 빨간색 전구는 1초 뒤 보라색 전구로 바뀝니다. 또, 보라색 전구는 1초 뒤 하늘색 전구로 바뀌고, 파란색 전구는 1초 뒤 빨간색 전구로 바뀝니다.

08 차례대로 나열해요 비교와 알고리즘

STEP 1

정답

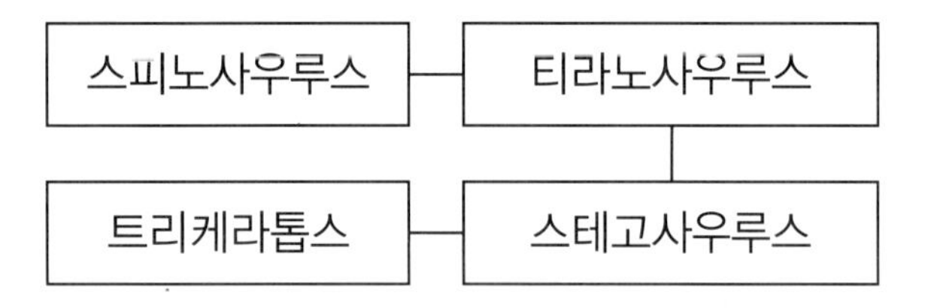

풀이

공룡의 길이를 비교할 수 있는지 묻는 문제입니다.
트리케라톱스는 8m, 티라노사우루스는 12m, 스피노사우루스는 17m, 스테고사우루스는 9m입니다.
따라서 길이가 긴 순서대로 나열하면 스피노사우루스(17m)>티라노사우루스(12m)>스테고사우루스(9m)>트리케라톱스(8m)입니다.

STEP 2

정답

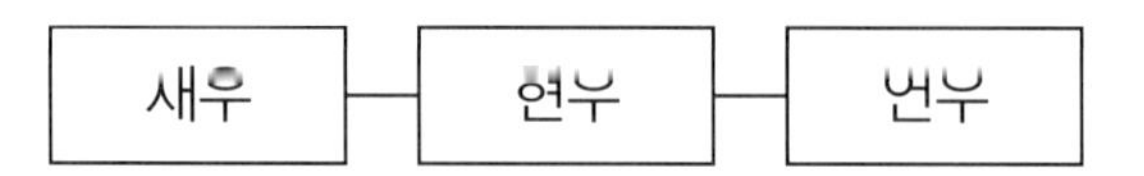

풀이

이름	1학년 키	1년 동안 자란 키
재우	128cm	7cm
연우	122cm	5cm
재우	130cm	3cm

재우는 1학년 때 키가 128cm이었으므로 2학년 때 키는 128+7=135(cm)입니다.
연우는 1학년 때 키가 122cm이었으므로 2학년 때 키는 122+5=127(cm)입니다.
현우는 1학년 때 키가 130cm이었으므로 2학년 때 키는 130+3=133(cm)입니다.
따라서 키가 큰 순서대로 나열하면 재우>현우>연우입니다.

정리 시간

1.

정답

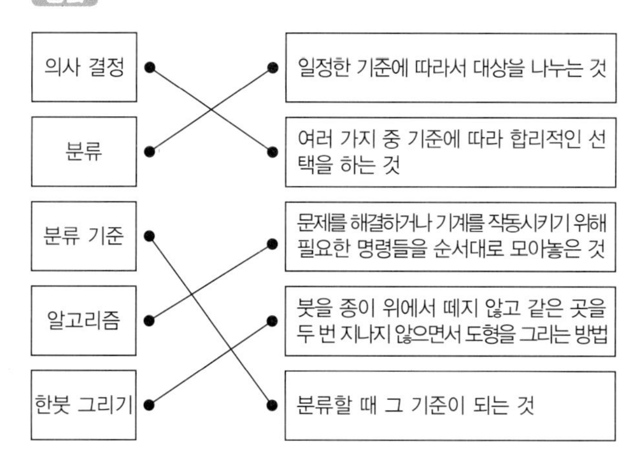

2.

정답

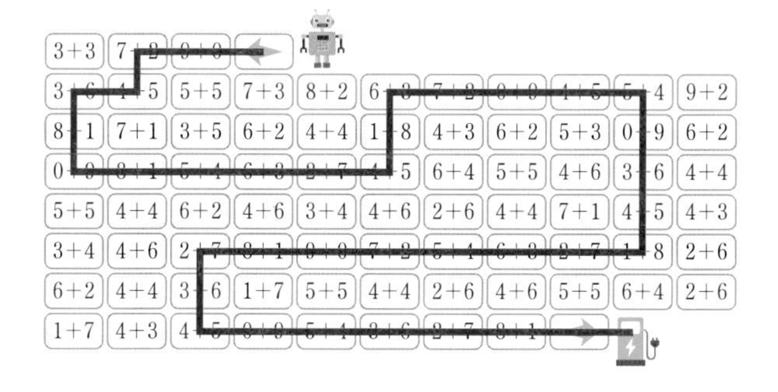

4 나는야 데이터 탐정

01 무슨 도형일까? 도형과 데이터

STEP 1

정답

(공 모양)	축구공, 지구본, 수박
(원통 모양)	케이크, 캔
(상자 모양)	자판기, 냉장고, 책

해설

주변에서 볼 수 있는 물건들을 추상화할 수 있는지 확인하는 문제입니다.

축구공, 지구본, 수박은 공 모양으로 추상화할 수 있습니다.

케이크, 캔은 원통 모양으로 추상화할 수 있습니다.

자판기, 냉장고, 책은 상자 모양으로 추상화할 수 있습니다.

STEP 2

정답

(1) 사각형 (2) 오각형

(3) 원 (4) 오각형

(5) 삼각형 (6) 육각형

해설

주변에서 볼 수 있는 물건들의 특징을 바탕으로 추상화할 수 있는 도형의 이름을 알 수 있는지 묻는 문제입니다.

변과 꼭짓점의 개수를 세어 보고 각 도형의 이름을 알 수 있습니다.

모니터는 변과 꼭짓점의 개수가 4개이므로 사각형, 어린이 보호 표지판은 변과 꼭짓점의 개수가 5개이므로 오각형, 시계는 변과 꼭짓점이 없는 원 모양입니다. 다음으로 다이아몬드는 변과 꼭짓점의 개수가 5개이므로 오각형, 옷걸이는 변과 꼭짓점의 개수가 3개이므로 삼각형입니다. 마지막으로 벌집은 변과 꼭짓점의 개수가 6개이므로 육각형입니다.

더 알아보기

각 도형의 모양은 다음과 같습니다.

삼각형	사각형
▲	■
오각형	**육각형**
⬟	⬢

02 무엇을 뜻할까? 데이터와 추측

STEP 1

정답

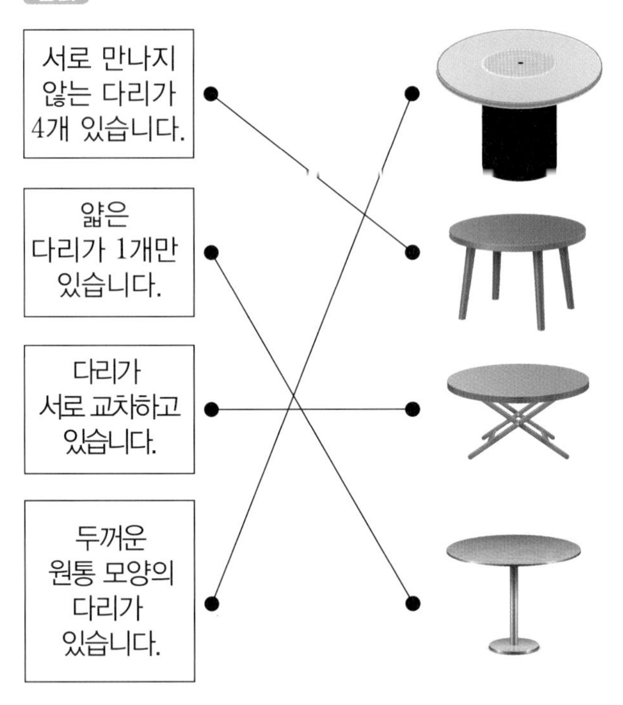

해설

주어진 설명을 보고, 탁자의 특징을 바탕으로 알맞은 탁자를 찾아보는 문제입니다.

다리의 모양과 개수를 확인하면 쉽게 구별할 수 있습니다.

STEP 2

정답

1층에 두 개의 쌓기나무를 쌓아.
그 다음 2층에 빨간 쌓기나무를 쌓고 그 위에 쌓기나무 1개를 더 쌓아.

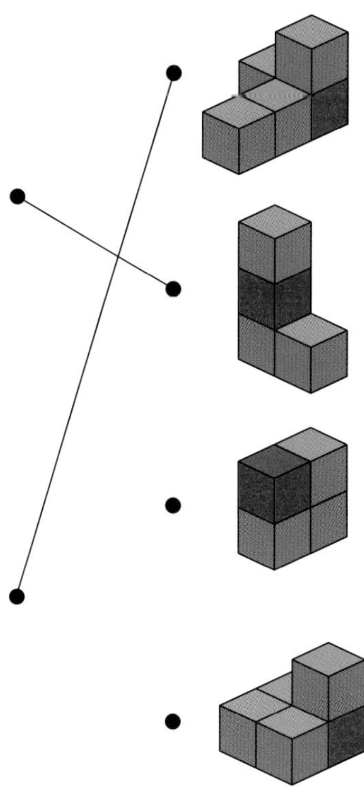

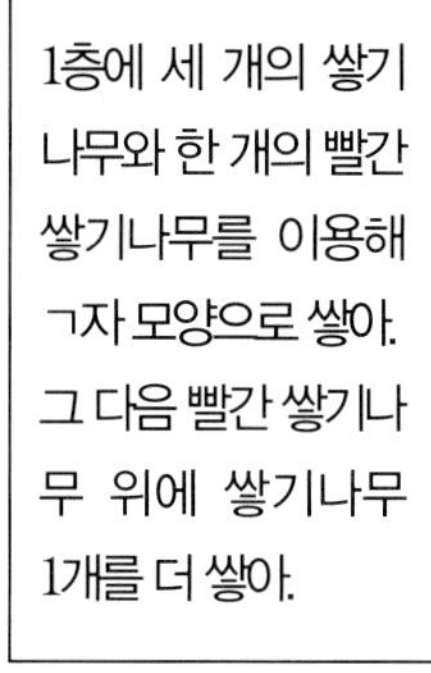

해설

명령에 따라 올바르게 쌓은 쌓기나무를 찾는 문제입니다.

첫 번째의 경우, 1층에 두 개의 쌓기나무를 쌓고, 2층에 빨간 쌓기나무를 쌓은 후 그 위에 쌓기나무 1개를 더 쌓았다는 것에서

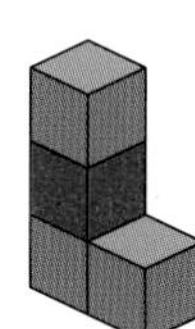 임을 알 수 있습니다.

두 번째의 경우, 1층에 세 개의 쌓기나무와 한 개의 빨간 쌓기나무를 쌓는데 모양이 ㄱ자 이므로 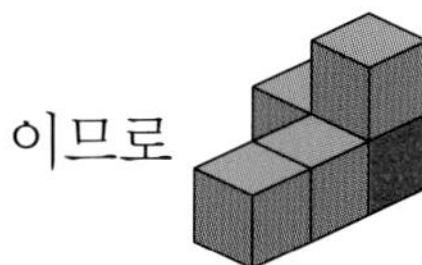 임을 알 수 있습니다.

03 자료를 정리해요 표와 그래프

STEP 1

정답

(앞에서부터 순서대로) 2, 4, 8, 6, 4, 24

풀이

그림을 보고 제제네 반 학생들이 좋아하는 간식별 학생 수를 표로 정리할 수 있는지 묻는 문제입니다.

각각 짜장면, 피자, 치킨, 케이크, 햄버거를 몇 명이 선택했는지 개수를 세어보면 됩니다.

마지막으로 합계는 각각의 수를 더한

$2+4+8+6+4=24$(명)입니다.

STEP 2

정답

(1)

〈제제네 반 학생들이 좋아하는 간식별 학생 수〉

학생 수 (명) / 간식	짜장면	피자	치킨	케이크	햄버거
8			○		
7			○		
6			○	○	
5			○	○	
4		○	○	○	○
3		○	○	○	○
2	○	○	○	○	○
1	○	○	○	○	○

(2) 치킨

(3) 짜장면

해설

STEP 1에서 정리한 표를 바탕으로 그래프로 나타내는 문제입니다.
그래프로 나타내면 데이터를 한눈에 볼 수 있으며, 가장 많고 적은 것이 무엇인지 알기 쉽습니다.
제제네 반 학생들이 좋아하는 각각의 간식별 학생 수만큼 ○를 그리면 됩니다. 가장 많은 학생이 좋아하는 간식은 치킨(8명)이고, 가장 적은 학생이 좋아하는 간식은 짜장면(2명)입니다.

04 순서대로 정리해요 시간과 데이터

STEP 1

정답

(앞에서부터 순서대로)
10시간, 3시간, 3시간, 3시간, 2시간
24시간

해설

생활 계획표를 보고 각각 하는 일은 몇 시간씩인지 묻는 문제입니다.
잠자기는 밤 10시부터 다음 날 아침 8시까지 총 10시간이며, 축구하기는 오전 9시부터 12시까지 총 3시간입니다. 또, TV 시청은 오후 1시부터 4시까지 총 3시간이며, 숙제하기는 오후 4시부터 7시까지 총 3시간입니다. 마지막으로 독서와 휴식은 오후 8시부터 10시까지 총 2시간입니다.
따라서 하루의 시간을 모두 더하면 총 $10+1+3+1+3+3+1+2=24$(시간)입니다.

STEP 2

정답

8월, 31일까지 있습니다.

해설

날짜를 알려 주는 프로그램에서 각 달에 있는 날의 수를 잘못 입력한 달을 찾을 수 있는지 묻는 문제입니다
날의 수를 잘못 입력한 달은 날의 수가 많거나 적어서 달력과 맞지 않을 것입니다.
문제에서 주어진 표를 살펴보면, 8월은 31일까지 있는데 30일로 잘못 입력되어 있습니다.
따라서 월별 날의 수가 잘못 입력된 달은 8월이고, 바르게 고치면 31일입니다.

05 오류를 찾아라! 오류와 디버깅

STEP 1

정답

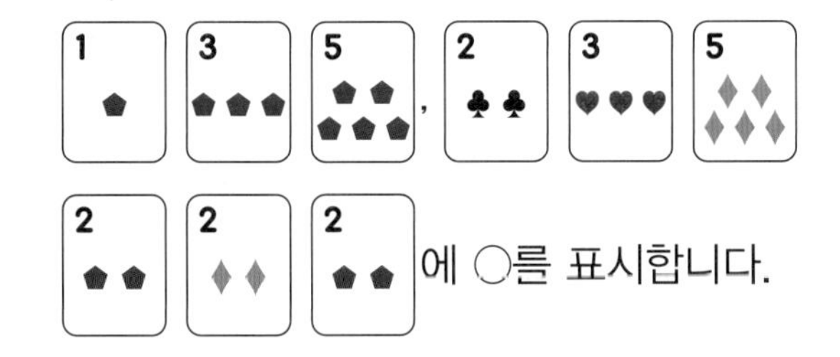

에 ○를 표시합니다.

해설

규칙에 따라 카드를 내려 놓았을 때, 규칙에 맞지 않는 카드 세트를 찾는 문제입니다.

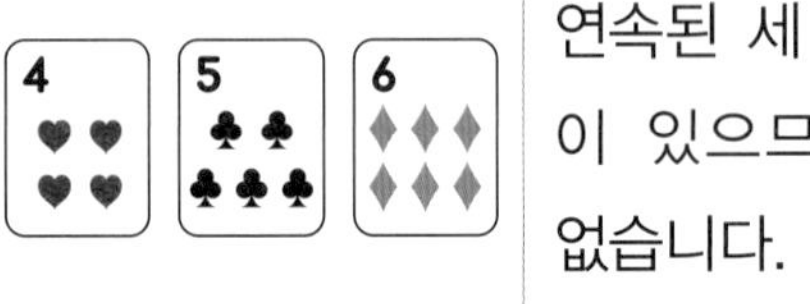

연속된 세 수 4, 5, 6이 있으므로 오류가 없습니다.

5, 5, 5	같은 수이지만 서로 다른 모양이 세 가지 있으므로 오류가 없습니다.
1, 3, 5	1, 3, 5는 연속된 수가 아니므로 오류가 있습니다.
2, 3, 5	2, 3, 5는 연속된 수가 아니므로 오류가 있습니다.
1, 2, 3	연속된 세 수 1, 2, 3이 있으므로 오류가 없습니다.
2, 2, 2	같은 수이지만 서로 다른 모양이 두 가지만 있으므로 오류가 있습니다.

STEP 2

정답

②

해설

규칙에 따라 무늬를 만들었을 때, 규칙을 모두 만족하는 무늬를 찾는 문제입니다.

① 3가지 종류의 도형이 반복되고 무늬를 구성하는 도형은 총 6개로 짝수개이지만, 초록색과 노란색이 번갈아가며 반복되어 나타나지 않습니다.

② 규칙을 모두 만족합니다.

③ 무늬를 구성하는 도형은 총 8개로 짝수개이고 초록색과 노란색이 번갈아가며 반복되지만, 4가지 종류의 도형이 반복되어 나타납니다.

④ 3가지 종류의 도형이 반복되고 초록색과 노란색이 번갈아가며 반복되지만, 무늬를 구성하는 도형이 총 7개로 홀수개입니다.

⑤ 3가지 종류의 도형이 반복되고 초록색과 노란색이 번갈아가며 반복되지만, 무늬를 구성하는 도형이 총 9개로 홀수개입니다.

06 게임을 기록해요 게임과 데이터

STEP 1

정답

〈연우〉

(앞에서부터 순서대로) 2, 0, 9, 4, 10, 6

연우가 얻은 총 점수: 31점

〈재우〉

(앞에서부터 순서대로) 1, 8, 6, 0, 5, 6

재우가 얻은 총 점수: 26점

풀이

게임 상황을 '표'라는 데이터로 나타내는 문제입니다.

연우와 재우의 게임 결과를 표로 나타내면 다음과 같습니다.

〈연우〉

원판의 수	1	2	3	4	5	6
나온 횟수 (회)	2	0	3	1	2	1
점수 (점)	2	0	9	4	10	6

〈재우〉

원판의 수	1	2	3	4	5	6
나온 횟수 (회)	1	4	2	0	1	1
점수 (점)	1	8	6	0	5	6

따라서 연우가 얻은 총 점수는 2+0+9+4+10+6=31(점), 재우가 얻은 총 점수는 1+8+6+0+5+6=26(점)입니다.

STEP 2

정답

출발	1	2	3	4	5
17					6
16					7
15					8
14	13	12	11	10	9 처음으로

(재우의 말의 위치가 4번으로)

해설

주사위의 눈의 수를 보고 게임의 말을 제대로 움직일 수 있는지 알아보는 문제입니다.
재우의 말의 움직임을 나타내면 다음과 같습니다.

출발	1	2	3 (4회)	4 (6회)	5 (1회)
17					6
16					7
15					8 (2회)
14	13	12	11	10	처음으로 (5회, 3회)

07 명령에 따라 만들어요 명령과 오류

STEP 1

정답

① 위쪽으로 5
② 오른쪽으로 3
③ 아래쪽으로 2
④ 오른쪽으로 2
⑤ 아래쪽으로 3
⑥ 왼쪽으로 5

해설

그림을 보고 알맞은 명령어를 써 보는 문제입니다.
먼저 위쪽으로 5cm 선을 그은 후, 오른쪽으로 3cm 선을 긋습니다. 또, 아래쪽으로 2cm 선을 그은 후, 오른쪽으로 2cm 선을 긋습니다. 마지막으로 아래쪽으로 3cm 선을 그은 후, 왼쪽으로 5cm 선을 그어 제자리로 돌아옵니다.
따라서 명령어는 순서대로 위쪽으로 5, 오른쪽으로 3, 아래쪽으로 2, 오른쪽으로 2, 아래쪽으로 3, 왼쪽으로 5입니다.

STEP 2

정답

③ 오른쪽으로 2
⑩과 ⑪ 사이에 "노란색 ★"의 명령어를 넣어야 합니다.

해설

명령어의 오류를 찾아 고칠 수 있는지 확인하

는 문제입니다.

제제의 명령어대로 로봇이 움직이면 다음 그림과 같으므로 제제가 처음 생각했던 결과와 다릅니다.

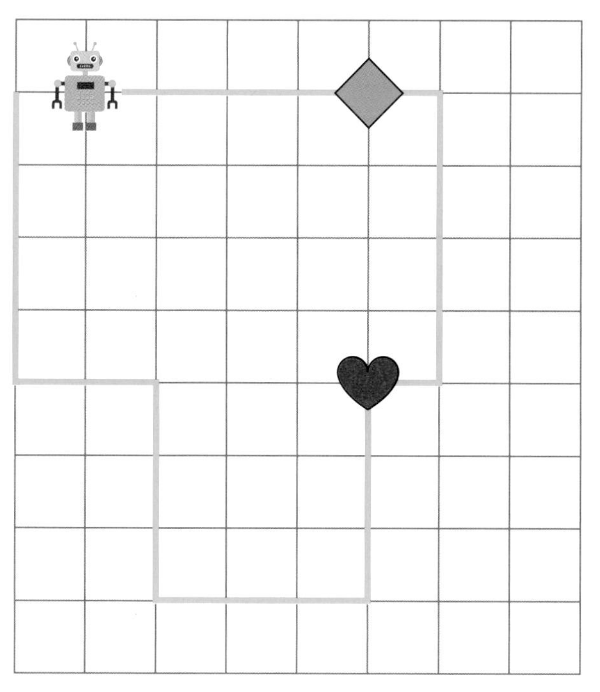

따라서 제제가 입력한 명령어에서 오류가 난 부분을 찾아야 합니다.

오른쪽으로 4cm 선을 그은 후 초록색으로 다이아몬드를 그리고, 다시 오른쪽으로 2cm 선을 그어야 하므로 ③의 명령어에서 오류가 있었습니다.

다음으로 ⑩의 명령어인 왼쪽으로 2cm 선을 그은 후 노란색으로 별을 그리라는 명령어 없이 바로 위쪽으로 4cm 선을 그으라는 명령어가 나왔으므로 그 사이에 "노란색 ★"이라는 명령어가 있어야 합니다.

08 더해서 오류를 찾아요 오류와 체크섬

STEP 1

정답

♥		♥	♥		♥	♥	5
	♥	♥			♥		3
			♥		♥		2
♥	♥				○		3
		♥		♥	♥	♥	4
♥	♥		♥	♥			4
		♥			♥		2
3	3	4	3	2	6	2	

해설

체크섬을 이용해 오류를 찾는 문제입니다.

각 줄의 하트의 개수를 세어 보았을 때, 다음과 같은 줄에 오류가 있음을 알 수 있습니다.

♥		♥	♥		♥	♥	5
	♥	♥			♥		3
			♥		♥		2
♥	♥				□		3
		♥		♥	♥	♥	4
♥	♥		♥	♥			4
		♥			♥		2
3	3	4	3	2	6	2	

따라서 오류가 있는 두 줄이 만나는 칸인 빨간색 네모 부분에 하트가 있어야 합니다.

STEP 2

정답

파란색의 줄과 티셔츠의 줄이 만나는 파란색 티셔츠의 칸에서 오류가 있었습니다.
바르게 고치면 4개입니다.

해설

체크섬을 이용해 오류를 찾는 문제입니다.
각 줄의 결과를 더했을 때, 5+2+1=8, 2+2+1+4=9이므로 다음과 같은 줄에서 오류가 있음을 알 수 있습니다.

	노란색	파란색	검은색	합계
티셔츠	5	2	1	10
바지	2	2	7	11
신발	1	1	3	5
모자	2	4	1	7
합계	10	11	12	33

따라서 오류가 있는 두 줄이 만나는 칸인 빨간색 네모 부분의 파란색 티셔츠의 개수에 오류가 있습니다. 이를 바르게 고치면 2개가 아닌 4개입니다.

정리 시간

1.

정답

ㄷ	ㅇ	ㅌ	데이터
ㅁ	ㄹ		명령
ㄱ	ㄹ	ㅍ	그래프
ㅇ	ㄹ		오류

2.

정답

〈예시답안〉

	키 (cm)	몸무게 (kg)
태어났을 때	50	3
5살 때	109	19
7살 때	120	25
1학년 때	127	27
2학년 때	133	30

쉬는 시간

Q

〈예시답안〉

동요 '학교 종'
학교 종이 땡땡땡
어서 모이자
선생님이 우리를
기다리신다.

① 

×2

학교종이 / 땡땡땡–

② 

×2

어서모이 / 자– – –

③ 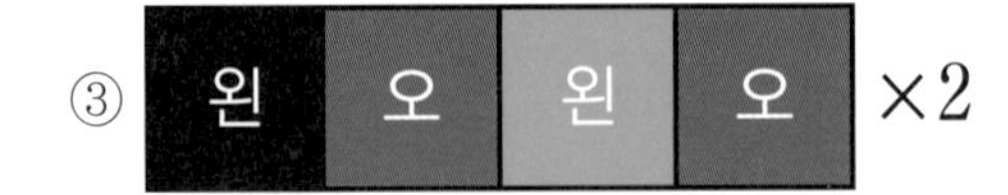

×2

선생님이 / 우리를–

④ 

×2

기다리신 / 다– – –

5 네트워크를 지켜줘

01 네트워크 세상 네트워크와 인터넷

STEP 1

정답

연우－태성
라율－성민
제제－페페
도현－재우

풀이

네트워크에 적힌 수의 차이가 14인 친구들끼리 짝짓는 문제입니다.
두 수의 차가 14이므로 12에 14를 더한 수를 구하면 됩니다. 즉, 12＋14＝26이므로 네트워크 12는 네트워크 26과 짝입니다. 따라서 연우는 태성이와 메신저로 대화를 나누고 있습니다.
마찬가지로 34＋14＝48이므로 네트워크 34는 네트워크 48과 짝입니다. 따라서 라율이는 성민이와 메신저로 대화를 나누고 있습니다.
50＋14＝64이므로 네트워크 50은 네트워크 64와 짝입니다. 따라서 제제는 페페와 메신저로 대화를 나누고 있습니다.
25＋14＝39이므로 네트워크 25는 네트워크 39와 짝입니다. 따라서 도현이는 재우와 메신저로 대화를 나누고 있습니다.

STEP 2

정답

제제－루카스, 은율－에바,
지예－소피아, 페페－에이든

해설

선을 따라 이동하여 지구 반대편의 대화 상대를 찾는 문제입니다.
네 가지 선은 서로 다른 색으로 이루어져 있습니다. 대화는 서로 같은 선에 이어져 있는 사람들 사이에서 이루어집니다.
선을 따라 그으면 제제－루카스, 은율－에바, 지예－소피아, 페페－에이든이 서로 인터넷 메신저로 대화를 나누고 있음을 알 수 있습니다.
이와 같이 인터넷을 이용해 어떤 같은 조건에 있으면 다른 나라 친구들과 메신저로 대화를 할 수 있고, 영상통화도 할 수 있습니다.

02 네트워크 세상 네트워크와 브라우저

STEP 1

정답

ⓛ → ㉣ → ⓒ → ㉠

해설

인터넷 브라우저에서 '두 자리 수의 덧셈 방법'에 대해 검색하는 순서를 알아보는 문제입니다.
우선 브라우저를 켜고 검색 사이트에 들어가야 합니다. 그리고 검색창을 눌러 한글을 적을 수 있는 상태로 만듭니다. 검색창에 '두 자리 수의 덧셈 방법'이라고 적습니다. 그리고 돋보기 모양의 아이콘을 누르면 검색이 완료됩니다.

STEP 2

정답

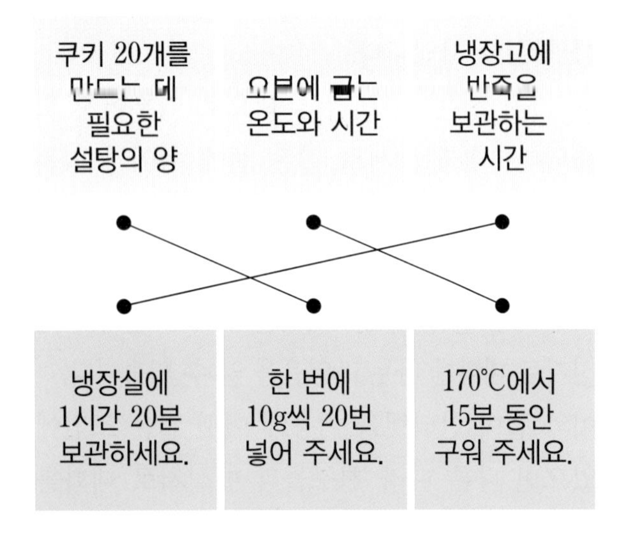

해설

쿠키 만드는 방법을 검색했을 때, 검색어에 따른 검색 결과를 바르게 연결하는 문제입니다.
첫 번째 검색어는 '쿠키 20개를 만드는 데 필요한 설탕의 양'이기 때문에 양과 관련된 결과를 연결해 주어야 합니다. 따라서 '한 번에 10g씩 20번 넣어 주세요.'와 연결해야 합니다.
두 번째 검색어는 '오븐에 굽는 온도와 시간'이기 때문에 온도와 시간이 표시된 결과를 연결해 주어야 합니다. 따라서 '170℃에서 15분 동안 구워 주세요.'와 연결해야 합니다.
세 번째 검색어는 '냉장고에 반죽을 보관하는 시간'이기 때문에 냉장고에 보관하는 시간이 적힌 결과와 연결해 주어야 합니다. 따라서 '냉장실에 1시간 20분 보관하세요.'와 연결해야 합니다.

03 네트워크 세상 네트워크와 기계

STEP 1

정답

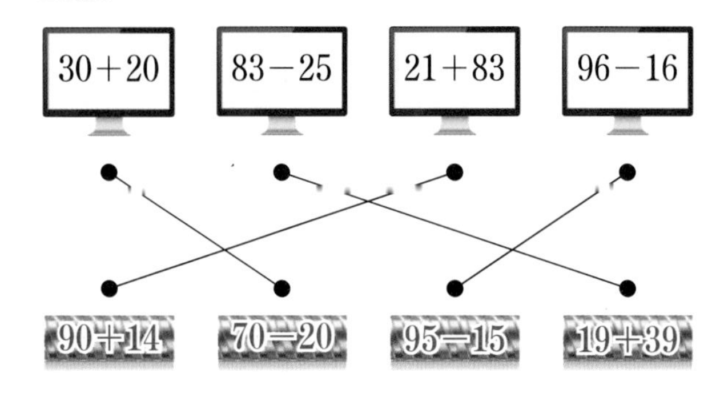

풀이

계산 결과가 같은 컴퓨터와 케이블을 연결하는 문제입니다.
$30+20=50$, $70-20=50$이므로 이 두 개를 선으로 연결해야 합니다.
$83-25=58$, $19+39=58$이므로 이 두 개를 선으로 연결해야 합니다.
$21+83=104$, $90+14=104$이므로 이 두 개를 선으로 연결해야 합니다.
$96-16=80$, $95-15=80$이므로 이 두 개를 선으로 연결해야 합니다.
서로 다른 조건의 컴퓨터와 케이블을 연결할 경우에는 연결이 되지 않거나 안정적이지 못한 연결이 이루어집니다. 네트워크에 안정적으로 연결하기 위해서 올바르게 케이블을 연결해 보세요.

STEP 2

정답

(1) 3 (2) 2 (3) 4

(4) 10 (5) 9

해설

케이블의 굵기에 따라 연결할 수 있는 컴퓨터의 수가 달라진다는 것을 이해할 수 있는지 묻는 문제입니다.

케이블의 굵기가 [ ]이라면 최대 연결할 수 있는 컴퓨터는 1대입니다. 그리고 굵기가 한 줄씩 두꺼워질 때마다 컴퓨터도 한 대씩 더 연결할 수 있습니다.

(1) 케이블의 굵기가 3줄이므로 최대 연결할 수 있는 컴퓨터는 3대입니다.
(2) 케이블의 굵기가 2줄이므로 최대 연결할 수 있는 컴퓨터는 2대입니다.
(3) 케이블의 굵기가 4줄이므로 최대 연결할 수 있는 컴퓨터는 4대입니다.
(4) 케이블의 굵기가 10줄이므로 최대 연결할 수 있는 컴퓨터는 10대입니다.
(5) 케이블의 굵기가 9줄이므로 최대 연결할 수 있는 컴퓨터는 9대입니다.

04 네트워크 세상 네트워크와 와이파이(WiFi)

STEP 1

정답

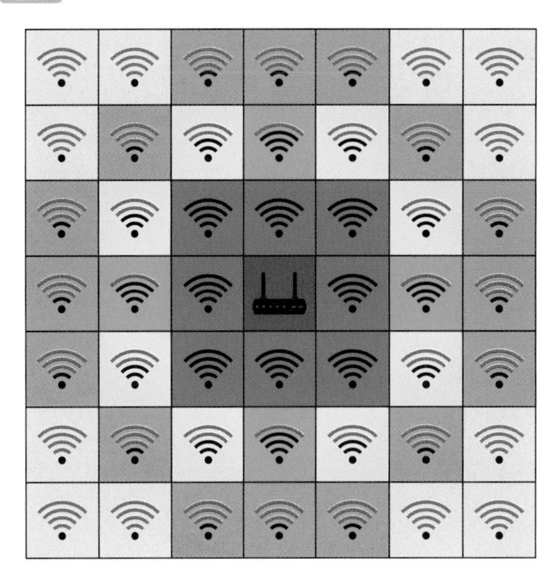

해설

와이파이의 연결 세기를 보고 그것에 맞는 색을 칠하는 문제입니다.

이 있는 칸은 파란색, 이 있는 칸은 초록색, 이 있는 칸은 노란색, 이 있는 칸은 주황색, 이 있는 칸은 분홍색으로 색칠합니다.

STEP 2

정답

③, ④

해설

와이파이의 연결 세기가 일 때는 동영상, 사진은 보낼 수 없지만 이외의 모든 작업이 가능합니다.

따라서 페페는 동영상, 사진을 보내는 것을 제외하고 모든 일을 할 수 있습니다.

문자로 사촌형이 좋아하는 간식이 무엇인지 물어볼 수 있고, 사촌형이 보낸 메시지에 답장으로 웃는 이모티콘을 보낼 수 있습니다.

05 네트워크 지킴이 바이러스와 백신

STEP 1

정답

73 ➡ 15
50 ➡ 38
29 ➡ 59
44 ➡ 44

해설

컴퓨터 백신을 사용해서 컴퓨터 바이러스를 치료하여 원래의 수를 찾는 문제입니다.
이 컴퓨터 바이러스는 수를 88에서 원래의 수를 뺀 결과의 수로 바꿉니다. 즉,

88－[원래의 수]＝[감염된 수]

입니다.
컴퓨터 화면 속에는 감염된 수들이 적혀 있으므로 원래의 수를 구하기 위해서는

88－[원래의 수]＝[감염된 수]

88－[감염된 수]＝[원래의 수]

입니다. 따라서 88에서 감염된 수를 빼면 원래의 수를 구할 수 있습니다.
88－73＝15이므로 컴퓨터 바이러스에 의해 73으로 감염된 원래의 수는 15입니다.
88－50＝38이므로 컴퓨터 바이러스에 의해 50으로 감염된 원래의 수는 38입니다.
88－29＝59이므로 컴퓨터 바이러스에 의해 29로 감염된 원래의 수는 59입니다.
88－44＝44이므로 컴퓨터 바이러스에 의해 44로 감염된 원래의 수는 44입니다.

STEP 2

정답

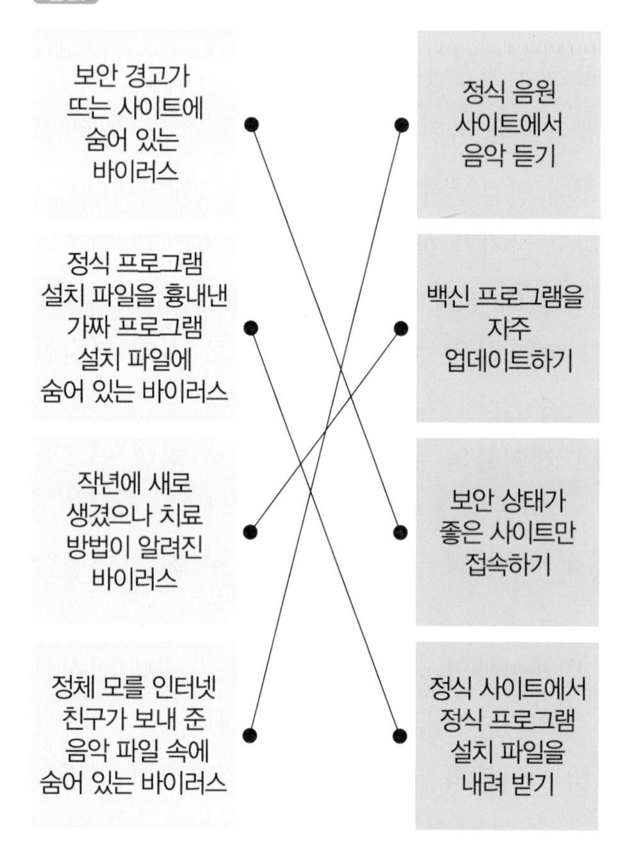

해설

컴퓨터 바이러스와 그 바이러스를 예방하기 위한 방법을 추측하여 선으로 연결할 수 있는지 묻는 문제입니다.
보안 경고가 뜨는 사이트에 숨어 있는 바이러스를 피하려면 보안 상태가 좋은 사이트에만 접속해야 합니다.
정식 프로그램 설치 파일을 흉내낸 가짜 프로그램 설치 파일에 숨어 있는 바이러스를 피하려면 정식 사이트에서 정식 프로그램 설치 파일을 내려 받아야 합니다.

작년에 새로 생겼으나 치료 방법이 알려진 바이러스는 백신 프로그램을 자주 업데이트하여 예방할 수 있습니다.
정체 모를 인터넷 친구가 보내 준 음악 파일 속에 숨어 있는 바이러스를 피하려면 음악은 정식 음원 사이트에서 다운받아 들어야 합니다.

06 네트워크 지킴이 네트워크와 보안

STEP 1

정답

〈예시답안〉

아이디: 수박34, 비밀번호: 노랑10
아이디: 바나나11, 비밀번호: 검정22
아이디: 귤5, 비밀번호: 주황1

해설

규칙을 모두 만족하는 아이디와 비밀번호를 만들어 보는 문제입니다.
아이디에는 수박34, 바나나11, 귤5와 같이 좋아하는 과일과 수가 함께 적혀 있어야 합니다.
비밀번호에는 노랑10, 검정22, 주황1과 같이 좋아하는 색깔과 수가 함께 적혀 있어야 합니다.
또한, 아이디와 비밀번호에 포함된 과일과 색깔은 모두 한글로 적혀 있어야 합니다.
마지막으로 주의해야 하는 것은 〈규칙 4〉입니다. 34+10=44, 11+22=33, 5+1=6과 같이 아이디와 비밀번호에 적힌 모든 수의 합은 50보다 작아야 합니다.
예시답안 이외에도 규칙을 모두 만족하면 제제가 인터넷에서 사용할 수 있는 아이디와 비밀번호가 됩니다.

STEP 2

정답

- 아이디와 비밀번호는 다른 사람들이 볼 수 있는 곳에 함부로 적어 두지 않습니다.
- 내 생일은 여러 사람이 아는 숫자이므로 비밀번호에 사용하면 안 됩니다.
- 비밀번호는 일정한 시간이 지나면 바꿔 주어야 합니다.
- 친구들에게 내 아이디와 비밀번호를 알려 주면 안 됩니다.

해설

힌트를 참고하여 아이디와 비밀번호를 안전하게 사용할 수 있는 방법을 다양하게 생각해 보는 문제입니다.
〈힌트 1〉은 아이디와 비밀번호를 다른 사람들이 볼 수 있는 곳에 적어 두지 말라는 이야기입니다.
〈힌트 2〉는 생일은 많은 사람들이 이미 알고 있는 개인 정보이기 때문에 비밀번호에 사용하면 안 된다는 이야기입니다.
〈힌트 3〉은 하나의 비밀번호를 너무 오래 사용하면 안 된다는 이야기입니다. 비밀번호는 사용한 뒤 일정한 시간이 지나면 다른 것으로 바꿔 주어야 합니다.
〈힌트 4〉는 다른 사람들에게 내 아이디와 비밀번호를 알려 주면 안 된다는 이야기입니다.

07 네트워크 지킴이 네트워크와 암호 1

STEP 1

정답

하늘이푸르다 제제야우리 소풍갈래?

해설

암호 규칙을 발견하여 쪽지의 내용을 확인하는 문제입니다.

수	코	학	딩	쉬	좋	워	아

문제에서 주어진 쪽지에 적힌 암호를 풀면 '수학쉬워 코딩좋아'입니다.

□색 칸에 적힌 글자들을 먼저 이어 적으면 '수, 학, 쉬, 워'입니다. 그리고 □색 칸에 적힌 글자들을 이어 적으면 '코, 딩, 좋, 아' 입니다.

즉, 쪽지에 적힌 글자의 암호 규칙은 같은 색 칸에 적힌 글자들을 앞에서부터 순서대로 이어 적는 것입니다.

이제 페페가 보낸 쪽지에 적힌 암호를 풀어 봅니다.

하	제	소	늘	제	풍	이	야
갈	푸	우	래	르	리	?	다

먼저 □색 칸에 적힌 글자들을 이어 적으면 '하, 늘, 이, 푸, 르, 다'입니다.

□색 칸에 적힌 글자들을 이어 적으면 '제, 제, 야, 우, 리'입니다.

마지막으로 ■색 칸에 적힌 글자들을 이어 적으면 '소, 풍, 갈, 래, ?'입니다.

즉, 페페가 보낸 쪽지의 내용은 '하늘이푸르다 제제야우리 소풍갈래?'입니다.

STEP 2

정답

14, 21, 49, 63

해설

곱셈구구를 이용해 비밀번호인 4개의 수를 찾는 문제입니다.

비밀번호 찾기 규칙을 살펴 보겠습니다.

4	5	81	63
9	8	15	16
9	27	14	49
25	12	30	54

〈힌트: 곱셈구구 4단〉

힌트에 곱셈구구 4단이라고 적혀 있으므로 곱셈구구 4단의 결과로 나오는 수를 표에서 찾으면 됩니다. 비밀번호는 4, 8, 12, 16입니다.

보물상자에 붙어 있는 쪽지에 힌트로 곱셈구구 7단이라고 적혀 있으므로 곱셈구구 7단의 결과로 나오는 수를 표에서 찾으면 됩니다.

81	21	54	6
14	1	5	24
32	20	49	64
16	63	18	36

〈힌트: 곱셈구구 7단〉

따라서 보물상자를 열 수 있는 비밀번호 4개의 수를 크기가 작은 것부터 순서대로 나열하면 14, 21, 49, 63입니다.

08 네트워크 지킴이 네트워크와 암호 2

STEP 1

정답

19

해설

편지에 적힌 그림을 보고, 규칙에서 그림이 나타내는 숫자를 찾아 모두 더하는 문제입니다.

은 1, 는 0, 은 7,

은 6, 은 4를 뜻합니다.

따라서 편지에 나오는 숫자를 모두 더하면 1+0+7+1+6+4=19입니다.

> 내 친구 페페에게
> 페페야 안녕, 나 제제야. 어제 내가 너한테 지우개 1개를 빌렸잖아?
> 그런데 실수로 내가 그 지우개를 잃어버렸어. 그래서 지금 나는 지우개가 0개 있어.
> 그렇지만 걱정마. 엄마가 오늘 지우개 7개를 사 주신대. 너한테 지우개 1개를 돌려 주고 나면 나한테 6개의 지우개가 남겠다. 다행이야.
> 내일 학교에서 4교시에 돌려 줄게. 내일 보자.
> 제제가

STEP 2

정답

178

해설

규칙에서 그림이 나타내는 수를 찾아 모두 더하는 문제입니다.

은 7, 는 80,

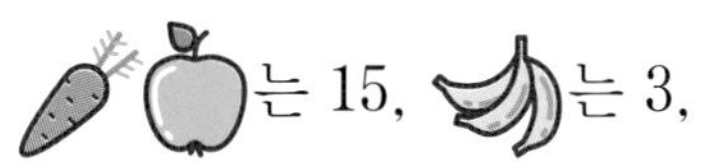

는 15, 는 3,

은 44, 는 29입니다.

따라서 그림이 나타내는 수를 모두 더하면 7+80+15+3+44+29=178입니다.

정리 시간

1.

정답

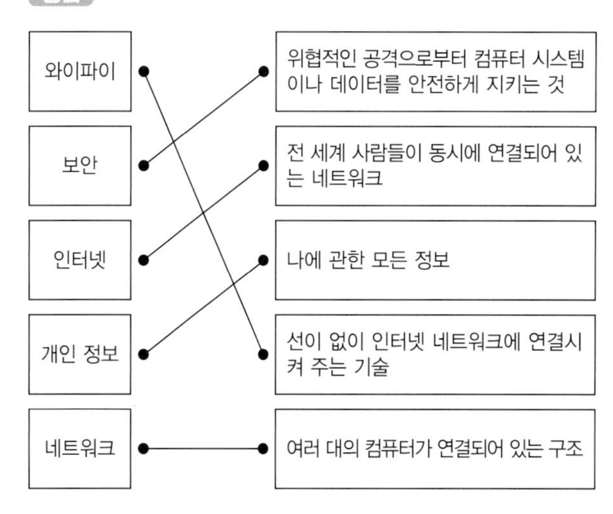

2.

정답

〈예시답안〉

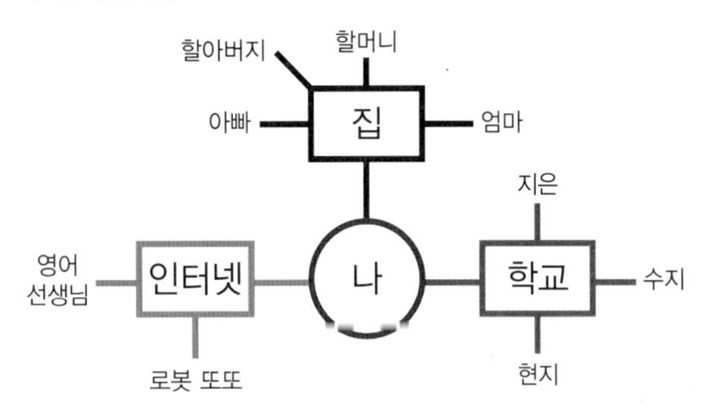

해설

나를 중심으로 한 네트워크를 그려 보는 문제입니다. 나를 중심으로 하여 나와 관련있는 사람이나 동물, 물건을 자유롭게 적으면 됩니다.

쉬는 시간

사	과	일	자	동	차	표	오	이
음	백	신	전	네	트	워	크	불
거	울	산	거	창	문	고	리	와
컴	진	사	오	미	자	망	고	이
퓨	버	인	터	넷	축	산	을	파
터	스	강	아	지	네	업	무	이
토	무	코	학	바	이	러	스	프
끼	암	수	교	실	내	장	식	료
구	호	영	브	라	우	저	장	소

좋은 책을 만드는 길
독자님과 함께하겠습니다.

도서 및 동영상에 궁금한 점, 아쉬운 점, 만족스러운 점이
있으시다면 어떤 의견이라도 말씀해 주세요.
시대교육은 독자님의 의견을 모아 더 좋은 책으로 보답하겠습니다.

www.sdedu.co.kr

수학이 쑥쑥! 코딩이 척척!

초등코딩 수학 사고력 1단계(초등 1~2학년)

초판발행	2022년 02월 03일 (인쇄 2021년 12월 21일)
발행인	박영일
책임편집	이해욱
편저	김영현 · 강주연
편집진행	이미림
표지디자인	박수영
편집디자인	양혜련 · 곽은슬
발행처	(주)시대교육
공급처	(주)시대고시기획
출판등록	제 10-1521호
주소	서울시 마포구 큰우물로 75 [도화동 538 성지 B/D] 9F
전화	1600-3600
팩스	02-701-8823
홈페이지	www.sdedu.co.kr
ISBN	979-11-383-1305-6 (63410)
정가	16,000원

백석윤 서울교육대학교 수학교육과 교수 ☆☆☆☆☆

〈수학이 쑥쑥! 코딩이 척척! 초등코딩 수학 사고력〉은 수학적 능력의 핵심에 해당되는 수학적 문제해결력을 요즘의 수학 학습 트렌드인 코딩 활동과 접목시켜 한층 심화 · 확장된 초등 수학의 창의적 학습을 가능케 하는 신개념의 창의사고력 학습 교재입니다. 어렵게 느껴질 수도 있는 코딩과 수학의 요소들을 학생들의 눈높이에 맞춘 친절하고 충실한 설명으로 제시하고 있습니다. 특히, 학생들 스스로 충분한 이해를 수반하는 학습이 가능하도록 치밀하게 구성되어 있다는 점이 돋보입니다. 트렌드에 맞는 주제를 접목시켜 학생들의 사고력 향상의 기틀을 다져줄 본 교재를 높은 신뢰감과 함께 적극 추천합니다.

박만구 서울교육대학교 수학교육과 교수 ☆☆☆☆☆

미래는 인공지능을 기반으로 한 자동화 시대가 될 것입니다. 이를 위해 미래를 살아갈 학생들에게 수학 사고력과 컴퓨팅 사고력을 기반으로 하여 최적의 판단을 할 수 있는 비판적 사고력을 길러 주는 것이 필수적입니다. 이 책에서 제시한 소재들은 교과서에서는 접하기 쉽지 않은 것들로, 학생들이 호기심을 가지고 수학과 컴퓨터의 작동 원리를 이해하도록 하면서 비판적 사고력을 기르는 데 도움을 줄 것입니다.

현직 교사가 알려주는 재미있는 사고력 코딩 이야기